品成

阅读经典 品味成长

雷雳 等著

网络行为心理学

AI时代的心理适应与生存法则

人民邮电出版社

北京

图书在版编目（ＣＩＰ）数据

网络行为心理学：AI时代的心理适应与生存法则 / 雷雳等著. -- 北京：人民邮电出版社，2024.5
ISBN 978-7-115-64340-7

Ⅰ．①网… Ⅱ．①雷… Ⅲ．①计算机网络－应用心理学－研究 Ⅳ．①TP393-05

中国国家版本馆CIP数据核字(2024)第087930号

◆ 著　　　雷　雳　等
责任编辑　马晓娜
责任印制　陈　犇

◆ 人民邮电出版社出版发行　　北京市丰台区成寿寺路 11 号
邮编 100164　　电子邮件 315@ptpress.com.cn
网址 https://www.ptpress.com.cn
文畅阁印刷有限公司印刷

◆ 开本：880×1230　1/32
印张：5.75　　　　　　　　　2024 年 5 月第 1 版
字数：88 千字　　　　　　　2024 年 5 月河北第 1 次印刷

定价：49.80 元

读者服务热线：（010）81055671　印装质量热线：（010）81055316
反盗版热线：（010）81055315
广告经营许可证：京东市监广登字 20170147 号

前言

打开这本书的读者，你或许是已经上网 20 多年的骨灰级玩家[1]，或许是自小就浸淫于网络的数字土著[2]，或许是最近才开始接触网络的新手，或许是只能与网络隔绝的数字难民[3]……无论如何，如果你对互联网上的心理世界好奇、有兴趣，就接着往下看看吧！

互联网在社会生活中有重要作用，人们

---

[1] 骨灰级玩家，指伴随一款游戏发行到全盛时期的忠实玩家。

[2] 数字土著，指在网络时代成长起来的一代人。

[3] 数字难民，指因经济、社会和文化等原因远离数字技术的人。

的生活在很多方面、很大程度上得到了互联网的帮助和支撑。如人们通过网上购物来解决生活的问题，通过网络会议来解决工作上的问题，通过网上课堂来解决学习上的问题，通过网上聊天来解决人际上的问题，通过网上娱乐来休闲放松……

相当一部分现实生活已经可以在虚拟的网络环境中原样呈现，甚至花样翻新了。互联网改变了且仍然改变着我们生活的世界，互联网也改变了且仍然改变着我们的心理世界和我们的行为。互联网已经不再是社会生活中的配角，它已经和生活融为一体。

互联网所建构的虚拟空间对人们的影响，离不开其所体现的"心理特性"：视觉匿名、文本沟通、空间穿越、时序弹性、地位平等、身份可塑、多重社交、存档可查等。这些特性使得互联网用户在网络上的心理与行为，或是通过网络所表现出的心理与行为，有了很多与现实中的心理与行为相似的特点。它们表现在网络用户个人的心理与行为上，表现在网络用户的人际互动上，表现在网络用户的社群关系中，表现在网络用户的其他在线活动中……

在本书中，我们通过浅显易懂的阐述来展现这些特点，拨开披覆在互联网用户心理与行为上的神秘面纱，通过"个人—人际—文化—健康上网"的线索来向读者呈现网络对人们在不同层面的影响。

本书能够顺利完成，得益于国内互联网心理学领域的多位研究者的通力合作，除了本人担任主编和撰写部分章节（第1、19节），其他作者还有（各自承担一节，以撰写顺序排列）：周浩（浙江财经大学，第2节）、柳铭心（中国儿童中心，第3节）、苏文亮（福州大学，第4节）、李宏利（苏州大学，第5节）、孙晓军（华中师范大学，第6节）、王兴超（山西大学，第7节）、马晓辉（河北大学，第8节）、李冬梅（东北师范大学，第9节）、谢笑春（东北师范大学，第10节）、张国华（温州医科大学，第11节）、曾攀（湖北师范大学，第12节）、田媛（华中师范大学，第13节）、宛小昂（清华大学，第14节）、王财玉（绍兴文理学院，第15节）、崔丽霞（首都师范大学，第16节）、刘勤学（华中师范大学，第17节）、王伟（山西大同大学，第18节）。我们衷心感谢出版社编辑为本书出版所付出的努力。同时，书中若有错谬之处，也请专家和读者批评指正。

希望本书能够帮助读者更好地融入已然无处不在的网络世界!

雷雳

2023 年冬

目录

网络与文化

健康上网

网络与个人

第 1 节 网络的虚拟，有什么新奇
——网络空间的心理特性

在互联网技术飞速发展的今天，基于互联网的网络空间吸引了越来越多的人。互联网所建构的网络空间有何特点，迎合了人们什么样的心理呢？

一、多少国人在上网？

互联网快速发展是近 20 余年的事，不过其起源却可以追溯到 19 世纪 60 年代。1966 年 2 月，美国军方创立了阿帕网，用于远距离共享数据，它是当今互联网诞生的最主要标志。

中国互联网的发展可追溯到 1987 年 9 月，当时中国的计算机科学家在北京建成了国内第一个电子邮件节点，并成功发送了中国第一封电子邮件，邮件内容为："Across the Great Wall we can reach every corner in the world."（越过长城，走向

世界。）中国互联网络信息中心在 1997 年 11 月发布了第一次《中国互联网络发展状况统计报告》，报告显示当时中国上网用户数为 62 万人。

在 2023 年 6 月，该中心发布了第 52 次《中国互联网络发展状况统计报告》，数据显示中国上网用户数发展到 10.79 亿人，其中手机网民用户数为 10.76 亿人，互联网普及率为 76.4%，高过全球平均水平（67.9%）。这真是一个全民上网的时代。

当然，非网民不上网的原因也值得我们注意：他们大多不具备网络知识，受到不懂拼音等文化限制，缺乏上网设备，年龄太大或太小，或不需要（不感兴趣）使用网络等。

二、网络空间的心理特性

心理学研究者从网络空间中个人行为、人际互动以及团体过程的背景、手段、过程和结果等方面进行了分析，认为网络空间对人们心理与行为具有的特殊寓意，反映为以下 8 个方面。

（一）视觉匿名

视觉匿名指与线下面对面人际互动相比，人们在网上互动的大多数时候，不能看到对方，但这并不意味着在线时身份总是被隐藏的，而是表示人们可以控制何时及多大程度上表露自己的个人信息。比如，同一个人可以在给朋友的电子邮件中表露自己的名字，在约会主页或微博中贴出编辑过的照片，或者在在线社区中发帖时使用假名等。

视觉匿名也涉及"感觉消减"，即在网络空间中人们可能看不到对方的表情和身体语言，听不到语音，即使是随着技术的发展，音频、视频技术变得更加有效和方便，身体和触觉方面的互动仍然是有限或不存在的。

相应地，视觉匿名会带来知觉转变，有些人在使用电子邮件或即时通信时，会有一种自己的心智与他人混合的体验，这是一种超现实、类似于梦境的体验。

匿名可能会带来去抑制效应，它通过两种方式来表现。一是匿名可能让人们更自如地表现负性情绪及行为，如辱骂他人；二是它可能让人们更放心地讨论某些隐私问题，而这些问题在面对面的交流中是难以讨论的。

（二）文本沟通

文本沟通指在网络空间中，人与人的互动主要通过打字来完成，但情绪或非言语的内容在此过程中并不缺乏，因为人们可以使用"表情符号"来传递情绪信息，或者直接通过文本描述自己的情绪状态。尽管文本沟通过程中存在"感觉消减"，但它仍然是一种有效的自我表现和人际联系的形式。人们可以把自己的想法通过文字表达出来，并阅读对方发来的文字以获取信息，这是一种获得自我认同的方式，向网友表达自我的方式，以及建立关系的方式。

（三）空间穿越

空间穿越指在网络空间中的互动几乎不会受到地理距离的影响。互联网可以让地理上相隔万水千山的人相会、沟通、分享媒体文件，甚至进行交易。它可以让家人和过去熟识的朋友在居于不同地方的时候保持联系、提供支持，以及保持亲密感。可以说，世界变小了。

地理位置变得无关紧要，对人们的一些独特兴趣或需要具有重要意义。在现实世界中，人们可能在自己周围找不到可以分享自己的独特兴趣的人，但是，在网络空间中，各色人等（即使是那些极其有个性的人）都很容易找到自己的同类与同好。

致力于帮助人们解决自己的问题，可能是网络空间非常实用的一个特征。而从反面来说，这对于具有反社会动机的人而言，就是网络空间的一种非常消极的特征。

（四）时序弹性

时序弹性指人们在网络交流过程中，对时间的感受与物理世界中的感受可能并不一致，在同步和非同步的交流中都存在时间的延伸。

人们通过互联网实时地进行交流，是一种"同步交流"，聊天室和即时通信就是如此。另一方面，"非同步交流"并不要求彼此即刻回复对方。在聊天室和即时通信中，人们可以有几秒钟到几分钟的时间来回复对方，这明显比面对面的交流延迟更长。在电子邮件、博客等中，人们会有数小时、数天甚至几个月的时间来回复对方。

网络空间创造了独特的时序空间，让人们进行持续互动的时间得以延伸，这就提供了方便的"反省区"。相比面对面的交流，在网络空间中，人们有更多的时间来深思熟虑和精心构思自己的回复。这种对自我形象有选择性的呈现，可能会导致不良的社交后果，比如形成对他人的理想化的印象。

另一些情况下，网络空间的时间被浓缩了。比如，如果你成为某个在线社区的成员，几个月后，你就会发现自己被人认为是该社区的"老人"了。互联网环境变化非常快，相比水泥、木头和钢铁建构的世界，互联网的世界非常容易建立、解构及重建。在网络空间中，时间体验似乎加速了。

（五）地位平等

地位平等指在大多数情况下，在线的每个人都有相同的机会发出自己的声音。每个人——不论其地位、财富、种族、性别等——都在同一个平台上发表自己的看法，一些学者称之为"网络民主"。尽管一个人在现实生活中的身份地位会对其网络生活产生一定影响，但这种网络民主的理想也有其真实性。决定一个人对他人产生影响的因素是交流沟通中的技能（包括写作技能）、毅力、观点的质量，以及对技术的熟悉度等。

（六）身份可塑

　　身份可塑指在网络互动中，人们缺乏面对面的面部表情、语音语调等线索，进而可以根据需要灵活地呈现自身身份（自我认同）。仅仅是通过文字进行交流，人们就可以选择做什么样的人，是仅仅呈现自我认同的某些部分，建构假想的自我认同，还是保持完全的匿名——在某些情况下，几乎可以完全隐身，成为"潜水者"。在很多环境中，人们可以给自己一个自己喜欢的名字。网络世界提供了机会让人们通过"化身"来视觉化地表现自己。

（七）多重社交

　　多重社交指在互联网空间中没有时空限制，人们可以与来自不同地域、不同行业的人进行接触，与成千上万的人进行交流。一个人在网络空间中可以同时进行多任务操作，即可以在短时间内在多个任务间切换，例如可以在同一时间与多人互动，甚至同时浏览网络新闻，而其他用户不一定能够意识到这个人正在穿梭于多段关系中。

此外，通过在博客、论坛或社交网站上发帖子（这些地方有不计其数的读者），人们可以吸引与自己最为特殊的兴趣相匹配的人。借助搜索引擎，人们可以获取海量的网页信息，进而快速找到匹配的人和团体。当前，网络搜索、信息过滤及联系他人的功能越来越强大，也越来越有效。

（八）存档可查

存档可查指人们上传到网络上的内容一般会永久存在，并且这些内容很容易通过搜索引擎找到。大多数的网络活动（包括发电子邮件联系和聊天）都能够被记录下来，并保存为一个电子文件，所以甚至可以说人们之间的关系就是文件，这些关系可以永久记录，也唾手可得，只要你愿意，你就可以重温其中的某一段，或对其进行重新评价。

当然，这种存档可查的特性弊端也不容忽视。因为人们知道自己在网络空间中的一言一行都可能被记录及可追溯，所以他们可能会对在线状态感到焦虑、不信任，甚至变得偏执、妄想。

第 2 节 网上找自己，现实有距离
——网上自我建构

"我是谁"这个问题一直都是每个人需要回答的问题。为了得到满意的答案，人们一刻不停地改变身份、扮演不同角色，对着"现实生活"这面硕大的"镜子"照了又照，努力找自己。在这些镜子中，互联网是很神奇的一枚，"宅"在家里通过它，我总有机会看到不一样的"我"。

当人们在"网络空间"中创建新身份时，自我就会产生新的变化，这种滋生于网络环境的自我部分统称为"网络自我"。

一、网络自我的特点

网络自我同样涉及"真实""应该""理想"这 3 种自我。其中，真实自我反映了当下现实中的"我"，例如用户的实名

信息等；应该自我扮演了角色定义的"我"，例如各种游戏化身等；理想自我展现了渴望完美的"我"，例如修饰后的头像等。不仅如此，这 3 个部分的"自我"在网络环境中还彼此重叠，通过不同的呈现方式颠覆着人们对传统环境中"自我"的认识。

（一）用户"自我"

首先是昵称。昵称又称用户名，是网络上的"我"的最初表现形式之一，能够激活相应的刻板印象，帮助你我进一步建构身份。在各种网络应用中，昵称体现某种"自我认同"，它不但是标注用户个人身份的符号，而且还传达关于用户性别（如"嘻嘻公主"）及特殊爱好（如"榴莲忘返"）等方面的信息。

其次是个人资料。个人资料（年龄、性别、籍贯等）是用户在呈现自我时所分享的基本身份信息，为进一步的社交互动提供了可能。例如，资料内容所暗示的身份会使人快速产生各种刻板印象，进而影响不同群体成员间的沟通。

（二）影像"自我"

随着技术的革新，照片、视频逐渐成了人们表现自我的"视觉"窗口。同时，修图、剪辑软件层出不穷，以模糊真实性为代价，为用户粉饰"我"提供了便利。例如，"自拍族"会精心挑选并美化影像资料，从而构建对"我"的认同。有意思的是，不断有创新软件在技术上追求平衡"美"和"真实"这两种需求，把"我"的形象非常微妙地呈现出来，让每个人觉得这的确是"我"，而且是一个更好版本真实的"我"。

（三）化身"自我"

虚拟化身是人们在网络上所选用的形象，不仅可以呈现自己所希望成为的"我"，而且新"我"的角色特点还会引起相应的角色预期，使自身的行为、表现与"化身"变得越来越像。具体而言，此"我"与现实世界中的彼"我"互相独立，拥有不一样的情感、想法和行为，但两个"我"也互相影响。实际上，网络世界里没人知道真实的"我"是"油腻大叔"还是"妙龄少女"，你我就如同希腊神话中的海神"普罗透斯"一样具有变换外形的能力，让人难以捉摸。

二、网络自我产生的影响

通过网络找自己，人们一边探索"我"的内部世界，一边适应"我"的外部环境，利弊兼具。

（一）对自我发展的影响

首先，从心理自我方面来看，一方面，网络上的自我表现会积极地影响心理自我的发展。比如，网络拥有现实生活中不具备的多元化任务环境，各种挑战带来的成长有助于人们完善自我。另外，网络就像一个巨大的回音室，人们沉浸其间，时常会捕捉到跟自己一样的声音，充分体验归属感滋生带来的幸福。

另一方面，网络自我也存在一定的消极影响。不难发现，一些人为了改善自己的形象，在创建自我的过程中充满了伪装、吹嘘甚至欺骗，这种虚假自我的构建模糊了人们对自己身份的真实评价，导致一"网"障目。另外，网络上的各种关系也容易中断，自我发展的连续性得不到保障。

其次，从身体自我方面来看，生活在一个注重"外形"的时代，"颜值""马甲线""人鱼线"等标准左右着大众的审美评价，而无论对身材是否满意，网络自我的呈现都会影响人们对自己的身材与外貌的认同感。

对自己身体满意的用户往往有较强的自我意识，更愿意在网络上反映真实情况。事实上，这些人的身体自我认同并不依赖于修图、剪辑、创建虚拟化身等，网络是他们展现真实自我的"加分舞台"。

对自己身体不满的用户则会在网上频繁地选择美妆、美服，以呈现理想"我"的完美体貌。确切地说，只要适度，这种修饰行为可被看作对身体的积极管理行为，能够在一定程度上补偿现实中的缺憾，但如果沉迷于此，真实的"我"便会成为自我发展的"敌人"，这种强烈的肯定和同样强烈的否定，将会撕扯"认同"本身，从而影响个体的身心健康。

（二）对社会适应的影响

首先，从认知态度来看，网络自我的表现不同，人们在虚拟环境中的认知态度也会不同。其中，化身线索会启动用户的认知。例如，攻击性线索会激活消极的认知，这些化身用户会在任务中更多地攻击他人。视觉线索会塑造用户对其他不同社会群体的刻板印象，例如，那些被要求创建并使用年迈化身的用户，在经过一系列任务后会改善对老年人的消极印象。然而，当接触他人的消极化身时，负面的刻板印象依旧会呈现于用户的内隐态度中。

其次，从行为表现来看，网络自我的表现同样影响人们的各种社会行为。其中，化身形象越消极，用户的攻击行为也就越多；化身形象越积极，用户越喜欢与他人进行合作，同时有更多的个人表露行为和社交影响力。例如，随机使用"正式着装"的女性化身用户会更频繁地谈论教育、阅读等方面的内容，而"靓丽着装"的用户则更多地谈到社交、娱乐等内容。需要注意的是，以上这些行为都会延续到"面对面"的现实情境中。

三、网络自我的影响因素

是什么影响人们在网上找自己？从"个体"和"环境"两个角度出发，便可一目了然。

（一）个体因素

其一，年龄。在网络世界里，年轻人有更多的自我表露和交流互动，他们也会花更多的时间来装饰和展示自己，并提供更多的个性信息（例如16岁孩子的独白"我就是我"等），而年长者则更偏爱简单实用的网络功能。

其二，性别。与离线自我相比，男性偏向于选择更为精干或强壮的化身，而女性则往往会创建富有吸引力的化身来美化自己。另外，男性上传的照片更彰显个人地位和风险担当，女性分享的照片则更强调家庭关系和情感表达。

其三，动机。探索（看看别人会如何反应等）、补偿（为了克服害羞等）、改善（为了形成人际关系等）等动机，无时无刻不推动人们在网络上寻找自己。例如，提高自己的身份地位，不再受到他人的支配；创建正义化身，提升自我的能力认同感；身处匿名的回音室中，体验被群体接纳的感觉等。

其四，人格。在"强度"上（表露程度），越是外向、开放、情绪稳定的用户，他们在网上呈现自我的时间越长（例如上传了更多的照片等），交往的对象也越多。相比之下，内向的用户，虽然也会较现实生活更多地分享自己的信息，但他们的朋友圈比外向的用户更冷清。在"深度"上（真实性和隐藏性），内向的用户有更多的自我探索行为，而情绪不稳定的用户则会为了寻求安慰而频繁地进行虚假的自我表现。

（二）环境因素

其一，生活环境。与家人、朋友关系良好的个体，不但会在网上延伸现实生活中的亲情和友谊，而且还更有可能尝试探索未知的社交环境，以此体验竞争、嫉妒、背叛和社会支持，进而形成一个更为清晰的自我概念。相比之下，长期拥有不良关系的个体，或沉迷于网络寻求他人的认同，或迫于维持关系的压力而继续被动地在网上表现出对群体的"忠诚"和"支持"（例如微信群里的"保持队形"等），而缺乏自主体验。

其二，文化环境。东方文化中的自我认识是以相互依存为基础的，我们会在网络上通过与他人建立联系来认识自我。相对地，西方文化突出了自我认识的独立性，人们在网上更倾向于表达个人内心的想法和感受，在沟通和表达自我时会更为直接和明确。

四、网络自我的建构策略

在网络空间中建构自我，以下建议值得关注：

1. 在了解"数字土著""数字移民"和"数字难民"各自特征的基础上，应该进一步考虑年龄、性别、动机、人格及文化的多元影响，有针对性地选择自我表现的网络平台。

2. 在网上，可以适度地创造自己满意的形象，从而弥补现实生活中的某种缺憾，以提升自我认同感，并努力将成功经验带到现实中去。

3. 可以在网上探索和实验各种不同的积极自我形象，尤其是青少年，从而逐渐养成合作、助人等行为习惯，并努力将其延续到面对面的情境中。

4. 网络的匿名特征有效避免了现实生活中"尴尬""卑微"的自我呈现，可以探索现实生活中未曾呈现的积极自我，从而不再焦虑与恐惧。

5. 网络打造了一个安全的人生试验场，可以演练在现实环境中不敢去做的事情，学会表达观点、与人交流、挑战不可能，从而构建统一、连贯而稳定的自我感。

第3节　人格自画像，网络中亮相
——网上虚拟人格

在网络世界里，每个人都可以有与现实生活截然不同的面貌，甚至可以同时拥有多个"化身"，展现出不同的人格特质。人们在虚拟与现实之间穿梭，灵活地切换自己的"虚拟人格"与"现实人格"，游走在虚拟空间与现实世界的边缘。

一、"虚拟人格"与"现实人格"

你身边有没有这样的人？在现实生活中，他们可能比较内向，不太喜欢说话，但一到了网络上，他们就变得能言善辩了。还有的人在现实生活中，脾气温和、性格沉稳，但一到了网络上，他们就变得言辞激烈，甚至有点儿冲动。感觉他们在现实生活中是一个样子，在网络上完全是另一个样子。这是怎么回事呢？

随着网络的发展，新媒体功能越来越强大，个体能够更加便利地在网络中获取更多的社交自由，自由到可以选择并演绎另一个自己，这个演绎的实质就是人格的改变，即由"现实人格"切换到"虚拟人格"。

（一）人格是什么？

简单来说，人格就是一个人的内在特质，包括他的思想、情感和行为方式。每个人的人格都是独特的，就像指纹一样。人格有两个方面：一个是外在的人格，就是我们通常看到的那些言行举止；另一个是内在的人格，也就是隐藏在内心的真实自我。就像一台高效运转的电脑，用户可以选择展现出自己喜欢的界面，而决定这一界面如何展示的代码却在幕后默默工作，不为外界所见。对每个人来说，人格正是那套驱使个体展现行为的"隐形程序"，它如同无形的指挥家，引导我们演绎生活的乐章。

（二）虚拟人格是什么？

虚拟人格是在网络世界中形成的一种特殊的人格。在网络上，人们可以隐藏自己的真实身份，所以有些人可能会在网络上表现出与现实中的自己完全不同的一面。这种虚拟人格可能是网络环境的特殊性所导致的，也可能是被个人在现实生活中无法实现的某些愿望或情感所驱使的。

但值得注意的是，现实人格和虚拟人格并不一定是完全对立的。有时候，它们也可能是相互补充的。比如，一个人在现实生活中可能比较内向、文静，但在网络上却可以自由表达自己的意见和看法，寻找志同道合的朋友；或者一个人在现实生活中可能比较冲动、易怒，但在网络上却可以控制自己的情绪，变得理性、冷静。

所以，我们不能简单地将一个人的现实人格和虚拟人格对立起来看待，它们可能是相互影响、相互塑造的，而了解这一点，对我们更好地理解自己和他人都有重要的意义。

二、虚拟空间中的虚拟人格表现

当你飞快地敲打着键盘，选择符合心意的表情，等待对方的回应时，你认识电脑另一端与你侃侃而谈的那个人吗？

如果认识，那么他与平常面对面时一样吗？如果不认识，那么你对现实中的他有期待吗？对你自己来说，你在网络上喜欢的人与现实中喜欢的人是一类人吗？你在网络上对人会更包容还是更苛刻，更随意还是更谨慎？

（一）真实社交中的人格表现

在现实生活中，我们通过面对面的方式从外表、言行去认识、了解另一个人，同样也通过外表、言行给他人留下印象，我们或把自己擅长的或喜欢的那一面呈现给他人，或根据他人的喜好或场合的需要呈现不同的自己。

我们会花费时间和精力去反思别人对我们的看法，进而建立亲密关系，我们会通过观察对方来获得反馈，从而调整自己。但无论如何，有些性格在面对面的交流中是无法掩饰的，例如，胆小羞怯、有社交焦虑的个体很难表现得非常自信并自我感觉良好。

（二）虚拟形象的塑造

在网络的虚拟世界中，一方面各种社交工具为我们与他人的相识、交流提供了更多可能，另一方面也由于网络的匿名性和开放性等特点，使我们在网络上展现另一个不同的"我"成为可能。

我们可以自由地编辑自己的网络资料，影响他人对自己的看法，"塑造"自己在他人心中的形象。个人资料填写时，如果需要自拍照，就会选择更好看的角度拍照，用美图软件修饰后再上传；在兴趣爱好方面，我们往往会选择展示那些对自己有益的内容，比如热衷于跑步、打球和游泳等运动，然而在实际生活中，可能鲜少真正投身于这些运动中。

（三）无约束的网络发言

在网络社交中，各种开放性平台中常常出现所谓的"喷子""键盘侠"，他们带来的网络暴力屡见不鲜。可以看出，当个体脱离人群独自面对电脑时，在网络匿名性的"掩护"下，他们更容易不负责任地发表看法、宣泄情绪。很多人自诩道德的捍卫者，他们猛烈抨击各类社会现象，却未曾意识到自我反省的重要性。通过使用诽谤、诬蔑和煽动性的言辞，他们对他人展开人身攻击，仿佛在网络世界中可以为所欲为，毫无约束。这些行为可能源自他们在现实生活中受到的种种限制与压抑，他们无法改变现实，只好在网络世界中寻求满足与释放。

（四）演绎虚拟角色

在网络这个奇幻的领域里，每个个体挑选虚拟角色，或为角色赋予个性特质，都像是一次对内心深处某种人格的探索与抉择。就拿广受欢迎的网络游戏《魔兽世界》来说，有深入的研究发现，这款游戏中的玩家所扮演的角色，其人格特质更接近于他们心中的理想自我，而非现实的自我，这一观点也得到了实验结果的佐证。这揭示出在网络互动中，人们更有可能展现出真实的自我，而在面对面的交流中，则更容易表现出现实的自我。

（五）分离现实自我

在网络这片浩渺的海洋中，每个人或许都藏有与现实生活截然不同的面貌，甚至可能演绎出"多重人格"的精彩"化身"。有研究深入探索了人们在虚拟世界中的化身人格与现实人格的联系，揭示了一个有趣的现象：尽管网络用户并未为他们的化身创造全新的虚拟人格，但在填写关于人格的问卷时，他们会问是以自己的真实身份还是以网络化身的身份来回答。这无疑显示出他们能够清晰地感知到网络化身与现实自我之间的微妙差异。总而言之，虚拟世界对用户人格的影响可能是全方位、深刻的，或是微妙、难以察觉的。它既可能导致人格的全面转变，也可能丝毫无损于用户的真实个性。

（六）虚拟人格与现实人格的统一

在虚拟世界中，人们往往勇于尝试那些在现实生活中不敢展现的行为，或展现那些自己未曾察觉的内隐刻板行为。例如，虚拟人格让个体能够更无拘无束地表达深层次的思想，不必再像现实生活中那样拘谨或压抑真实感受，从而展现出更为真诚的一面。

拥有健康的人格特质，能帮助我们在使用网络时保持积极的心态，在现实中也能维持心理的平衡。我们要妥善处理虚拟与现实之间的关系，以确保在线与离线时的人格保持一致。面对这一挑战，我们需要深入思考：我是谁？我的人格是否稳定？如何在现实与虚拟世界中实现自由与人格的和谐共存？

通过这些思考，我们可以在现实与虚拟之间找到平衡，使自己的人格和个性得以自由发展，无论是在线上还是线下，都能以稳定、健康的人格迎接生活的挑战，让内心的真实感受得到充分的表达。

三、虚拟人格促进科技发展

虚拟现实技术为科技提供了璀璨舞台，引领各个领域对人格因素的关注。这种关注使得网络世界更加富有人情味，同时也极大地提升了其使用的便利性。

（一）创建可信的虚拟人格——虚拟人物与现实的连接

在计算机图形学的世界里，虚拟人物已经成了炙手可热的研究焦点。借助人工智能的魔力，我们成功塑造了充满真实感的虚拟角色。创造虚拟人物的初衷，就是希望它们能够像真实的人一样，自然地运用语言、传递情感、展示手势，与我们进行生动活泼的交流。而虚拟人物的人格化，无疑为其增添了更多的真实感和可信度。在虚拟人物设计中，提升其可信度和生命力与提高交互质量和满足用户期待同样重要。为了实现这一目标，虚拟人物必须以连贯的方式展现情感、塑造人格，真正地展现其生命。

（二）个性化的人格化分析——数字人格在电子商务中的应用

在电子商务的浩瀚海洋中，数字人格已然成为熠熠生辉的明星，吸引了无数关注的目光。想象一下，在现实世界中，我们可能会询问顾客是否需要某样商品，而顾客会根据自己的喜好做出回应。然而，在网络世界中，这一场景已发生了翻天覆地的变化。起初，商家仅通过分析用户的点击行为来为其推荐同类商品。现在，研究者从数字人格的角度去解读消费者，进行人格化的推荐系统分析。他们深入研究消费者的行为，用心揣摩他们的偏好，甚至精准预测他们可能感兴趣的内容。

人格化分析核心是将用户与他们的数字人格视作同一实体的两面。不论是在现实世界的我们，还是我们在虚拟世界中的数字人格，都是独一无二的个体。对于用户来说，这些个性化、人格化的内容无疑带来了巨大的便利，使他们的网络体验更加丰富多彩。

第 4 节　内心男或女，网络中寻觅
——网络与心理性别 [①]

　　随着青春期来临，生理性的性征开始出现，性意识开始觉醒，这就促使青少年对这种改变产生相应的需要。青少年所掌握的信息和经验会成为他们性别图式的重要基础。什么是性？性意味着什么？人应该怎样表达性别认同？什么是正当的和不正当的性态度和性行为？所有这些规范信念都会受到青少年所接触到的信息和经历的影响。

　　因为网络空间具有视觉上的匿名性、身份上的可塑性等特点，网络中的体验和经历也会对人们，尤其是青少年的心理性别有一定的重塑作用。

[①] 本章研究的网络与心理性别，是基于一些现象的客观分析，不涉及性别认同的讨论，同时，很多人在网络中使用异性角色，也不代表会隐藏在现实生活中的真实性别。

一、网络空间成为性别认同的探索之域

（一）网络给性别认同的发展带来机会

　　随着青少年上网时间的不断增加，互联网在他们的日常生活中扮演着越来越重要的角色，已经成为他们获取信息的重要途径和与他人进行互动的主要方式，因此在其性别认同建构和发展过程中也扮演着越来越重要的角色。

　　越来越多的青少年从网络中获取与性相关的信息，比如国内一项调查发现大学生性知识获取的最主要来源是网络。由于网络的匿名性和便捷性特点，青少年不仅可以更容易获取与性相关的信息，还可以通过这个媒介更方便地和同龄人互动。互联网对青少年自我认同的形成与发展的影响不断增强。

　　网络提供了前所未有的机会，可以允许青少年对他们包括性别认同在内的自我认同进行探索。青少年在网络上的自我认同探索主要是通过在线聊天、构建属于自己的个人主页或社交网站、发送电子邮件及参与网络游戏等自我表征和一系列的自我探索行为来实现的。青少年在网络中常用的表征

自我的策略有：假装年纪更大；假装更具男子气概；假装更漂亮；假装更会调情；假装为相反的性别角色；等等。

此外，在网络虚拟空间中，青少年为了尝试现实生活中无法尝试的身份，时常在不同的角色之间快速地转换。这种自我认同过程中的角色扮演和假装行为风险程度较低，对于促进青少年整合理想自我与现实自我，促进自我认同的发展具有一定的意义。

（二）网上探索心理性别的潜在风险

网络给青少年探索自身的性别认同提供了更多的可能性和便利性，但是网络本身也是一个潜在的问题来源，值得关注。

青少年在上网时容易受到错误信息的误导，从而形成对性的错误观念和态度；他们可能会在网络中学到有问题的性行为，从而渴望在现实世界中进行尝试；在网络环境中获得的虚拟性经验也可能被青少年内化为规范行为；网络中的色情内容还可能让青少年沉溺其中，不能自拔；青少年尝试使用另外一种性别身份在网络中与其他人互动，也有可能会引发性别认同危机；等等。

二、网络中的性别转换现象 ①

生理性别是人与生俱来的特征。在现实生活中如果要改变性别是非常不容易的，然而，网络世界中则很容易实现"性别转换"。

由于网络交流大多以文本形式为主，具有一定的匿名性质，因此用户能够自由选择他们希望展示的性别、年龄及头像等，即自己的身份信息是可以自由设置的。正如美国著名杂志《纽约客》上的一幅颇具深意的漫画所描绘的那样——"在网络上，没有人知道你是一条狗"。这意味着，在网络虚拟世界里，一个人的真实身份往往难以辨别。例如，在网络中的甜美可爱的小女孩，在现实中的真实身份可能是一位中年大叔。由于网络空间为性别转换提供了更为便捷的途径，因此，相较于现实生活，更多人愿意在网络中尝试和探索不同的性别身份。

---

① 关于该行为可能涉及的欺骗行为，第 9 节有警示。

网络中的性别转换现象普遍存在于各类人际互动频繁的领域,尤其是在那些允许匿名的平台中尤为突出,例如网络聊天室、论坛社区、社交网站及网络游戏等。在网络游戏中,性别转换行为更加突显,因为玩家不仅可以选择任意性别的名字,还可以进一步选择任意性别的虚拟化身,以这一全新的虚拟角色参与游戏世界中的互动。

已经有多项研究发现,在网络游戏中,性别切换现象在男性和女性玩家中均普遍存在,但值得注意的是,男性玩家选择异性身份的比例显著高于女性。例如,国外一项研究表明,40.0% 的男性玩家和 18.7% 的女性玩家曾经尝试过性别切换行为。另一项针对《魔兽世界》的研究发现,23% 的男性选择了女性头像,而仅有 7% 的女性玩家选择了男性头像。这些数据揭示了在网络游戏的虚拟世界中,性别选择和身份塑造的多样性与复杂性。

三、网络游戏中选择异性身份的原因

为什么在网络游戏中,男性相较于女性更热衷于尝试异性的身份呢？研究者针对这一现象提出了若干可能的解释。

其一，由于文化刻板印象的束缚，男性在现实生活中往往难以展现被视为"女性化"的特征。因此，这些男性可能会选择在匿名的网络空间中尝试性别的转换，体验在现实生活中难以体验的感觉。

其二，在网络中选择女性角色往往能够吸引更多的关注。一个女性的名字、头像，甚至一张照片，通常能迅速引发他人的积极回应。

其三，扮演女性角色在游戏中可能会受到男性玩家的优待。男性玩家往往更愿意为女性玩家提供帮助，使得后者在游戏中能更快成长。研究发现，女性在游戏中请求帮助的回应率通常高于男性。然而，如果女性玩家使用的头像缺乏吸引力的话，她们获得的帮助会较少。

其四，女性角色在游戏设定中往往享有独特优势，如专属道具或特定性别才能达到的等级等，这可能也是部分男性玩家选择女性角色的一个原因。

其五，部分男性玩家选择女性身份也许是为了增进与异性的关系。他们可能希望通过这种方式，从女性的角度出发，学习如何与男性互动，然后将这些经验用于指导其在现实生活中与女性的交往。

此外，对于女性在网络中尝试男性身份的现象，研究者通过访谈发现了一些原因。有些女性玩家在游戏中选择男性身份是因为她们担心女性角色在游戏中容易受到其他男性玩家的欺负，还有些女性玩家出于好奇，想要探索男性视角与女性视角会有什么不同。

四、网络中性别转换的意义

性别转换对主流观念的挑战

有研究者指出，尽管在游戏中转换性别角色已经成为一种普遍现象，但这不意味着它对主流的性别观念构成了直接的挑战。

实际上，许多玩家在游戏中使用异性角色时，并不一定会隐藏其现实生活中的真实性别。他们的这种选择，不是为了表达自己的性别认同，而只是出于审美或实用目的在探索虚拟世界过程中的一种策略性选择。

以《魔兽世界》为例，有研究者对该游戏中玩家的行为进行了深入分析。结果发现，使用女性头像的男玩家比其他男玩家更倾向于使用情绪化的短语和微笑表情符号，同时也更注重选择具有魅力的形象。这说明，他们在游戏中强化了对女性化外表和交流方式的理想化观念。然而，在更具体的动作行为细节中，这些玩家与其他男玩家并没有表现出显著差异。与真正的女性玩家相比，他们在游戏中更频繁地选择后退行进，更不愿意在人群密集的地方"凑热闹"；同时，他们在游戏中的跳跃次数也显著高于女性玩家。

这些发现表明，男性玩家选择女性角色时，并不一定试图说服别人相信其在现实中也是女性。相反，他们有可能只是被女性角色漂亮的外观所吸引，或者认为扮演女性角色更容易在游戏中获得别人的帮助。因此，尽管游戏中的性别转换现象在一定程度上反映了玩家对性别多样性的探索和认知，但它尚未对主流的性别观念构成根本性的挑战。

第 5 节　网络热词飞，那是因为谁
——网络语言与思维

网络语言是民众在利用智能手机、平板电脑及台式电脑等机器设备与他人在线或离线进行信息传递与情感交流时，使用的特定沟通工具。

网络语言不同于传统语言之处在于，人们可以用文字、图像及视频的形式进行信息传递与情感交流，因此，它是一种更具独特性的沟通工具。

作为一种新型的语言沟通工具，网络语言已经不再局限于网络，日益融入了网民的日常生活。人们在网络中表达自己的意见与情感，给日常生活交际注入了活力，使生活质量得到了提高。年轻网民尤其是生成、设计与创造符号化网络沟通语言的主力军。网络语言生动广泛的造词方式和表达过程，集中展现了年轻人的创造性思维。网络沟通所使用的特定语言具有的浓缩性、异化性、直观性与娱乐性等鲜明特点，让 Z 世代 ① 网民在沟通中如鱼得水。

一、网络语言的产生机制

"语言是人类意识的缩影,语言就其本质来讲是一种社会现象,在人类文明和个体智慧的发展中起重要的作用。"心理学家维果茨基对思维与语言关系问题的独特认识为从心理学角度认识网络语言提供了依据。根据复杂性和中介性,维果茨基把人类心理机能分为低级和高级两部分。

低级心理机能包括感觉、知觉、机械记忆、不随意注意、直观动作思维以及情绪冲动等心理活动,这种心理机能在日常生活中自动化地发挥作用,一般不需要借助语言符号。低级心理机能是动物与人类共有的,是几百万年生物进化的结果,是人们在自然状态下经历很少学习就能掌握的适应环境的能力。

高级心理机能则是以低级心理机能为基础,经过量变到质变逐渐发展起来的,是需要借助语言为工具才能获得的一

① Z 世代:指在 1995—2009 年间出生的人,又称网络世代、互联网世代。

些心理机能，包括逻辑记忆、随意注意、抽象思维等。高级心理机能为人类所特有，与民众的日常社交活动紧密相关，是社会文化发展的产物，具有抽象概括和可以根据主观意向进行随意构造的特点。因此，网络语言与社会交往活动密不可分，网络语言的语义生成机制是网络时代社会交往活动推动个人获得高级心理机能的结果，语义生成连接着网络语言的社会层面和个体层面。

根据维果茨基的心理机能理论，网络语言是民众对新的时代背景下社会交往现实的概括反映，随着其概括作用的不断扩展和深入，网民的高级心理机能逐渐丰富，并与网络时代的社会实践内容及要求相适应。

二、网络语言的结构特点

（一）概括浓缩

这主要体现为网民用代表性词语概括与认识社会上的事物或现象。例如，网民机智地把"喜闻乐见、大快人心、普天同庆、奔走相告"简化为"喜大普奔"；网民勇敢地将"亲爱的"缩略成"亲",最初,"亲"只是频繁地出现在需要凸显亲和力的电子商务平台客服与顾客的沟通中,而后被大范围地用于其他社会交际情景。当下,民众在面对面的社会交往中也时常使用简略的字母组合提高交际的趣味性。日常面对面交流时使用的缩写字母主要分为两种,一种是用英文字母简化表达内容。如用"CU"代表"see you"(再见),"PK"代表"player kill"(决斗,对决),"GF"代表"girl friend"(女朋友)等。

另外一种是用汉语拼音声母组合表达沟通。如"BT"代表"变态","PLMM"意指"漂亮妹妹(貌美的女孩)"等。这类语言,简洁明快,深受网民欢迎。

这类语言是网民的聚合思维作用的结果,是他们根据已有的学识、感悟,把众多社会交往经验逻辑化,并最终创造一种方便日常交际的语言工具的过程,这反映了网民整理、细化、提炼交往过程与体验的能力。

(二)异化引申

这主要体现为社会生活用语作为一种文字符号在网络空

间中发生变化后引申出其他意义。

异化是民众根据交往需要改变现有词语的含义，赋予其新的含义。网络在线沟通中的"语言异化"通常会超出沟通双方的心理预期，但也不妨碍沟通双方的情感交流，相反还可能会增加在线沟通的趣味。异化的词语现象体现了网民跳脱日常的戏谑精神。

首先，民众利用比喻、借代等修辞手法创造异化的网络在线沟通用词，如"考研族"指积极参加研究生入学考试的人。这种词生动鲜活，通俗易懂。

其次，利用谐音进行创意表达，如"杯具"（悲剧）、"稀饭"（喜欢）、"油菜花"（有才华）……这类词主要是借助拼音输入法产生的同音异意词形成，具有卖萌、调侃的意味。再如，"压力山大"使用了谐音与夸张结合的修辞手法；"大虾"其背后含义是"大侠"，多数情况下是指网龄很长的重度网民，或者某种能力（如维修电脑或打怪闯关等）特别突出的人。

经过异化引申的网络语言是网民们发散思维作用的结果，是他们不走寻常路、从多种视角考虑问题、思路宽广开阔的集中反应，是人类大脑以发散的模式进行思考活动的体现。

（三）直观呈现

这主要体现为网民在网络中有时候也直接形象化地使用一些符号信息进行交流。

这种特定形式的网络语言与汉字本身的象形特征存在异曲同工之妙。在线沟通时使用的符号化词语信息，可以更加形象地传递所要表达的内容。

比如，"槑"和"囧"，不仅是民众在线交流时对于词语的异化，也是他们积极利用词语象形造词交流的典型例子。"槑"强调了交流对象的呆萌、有趣可爱的状态，而"囧"则表现了网民处于窘境时的无可奈何的表情。

此外，网民也用约定俗成的图形表示特定的含义，如用"：)"表示微笑，"ZZZZZZZ"表示酣睡，等等。

这些趣味横生、形象生动的图形式语言，给网络交流带来了情趣。网民使用这些直观性网络语言是形象思维的反应，这些语言都是网民基于字形或图像本身形成的直观感觉创造的。

三、影响网络语言产生的因素

（一）社会交往催生网络语言

积极使用网络化的语言进行沟通已经成为社会交往活动中的一种重要方式。社会交往对象（网民及其交往友伴）的低级心理机能及其高级心理机能促使网络语言应用与发展。网络语言是实现民众内在思考与客观外部世界关联的现实桥梁，是客观外部世界信息向内在思维转化和思维活动向客观外部世界传递信息的重要中介。

（二）符号系统建构网络语言

网络语言作为一种新的特定符号系统，促使人类的语言在新的历史时期推动思维发展。网络语言创造、吸收与接纳新的语言要素形成新的符号系统，与信息时代沟通的快捷性与便利性相适应，满足大众网络社会交往、娱乐和生活需要。

（三）情绪宣泄强化网络语言

口诛笔伐，唇枪舌剑，作为网络语言的一种可能表现，让某些网民获得及时的内心快感，让他们以游戏人生的态度，以语言暴力的方式宣泄自己在现实生活中的负面情绪。然而，网民的情绪宣泄容易造成网络语言低俗化、恶俗化，带动社会负面情绪，不利于有效传递社会正能量。

四、网络语言的恰当使用

网络时代的民众可以自由地通过特定的符号进行在线或离线的信息交流与情感表达，但是伴随网络语言所产生的新文化现象在促进社会积极发展的同时，也冲击着社会原有的秩序和规范。例如，不同于传统的媒介（如电视、报纸及杂志等），民众在开放的网络媒介中享受超高的自由度，他们可以自由自主地利用网络媒介使用网络语言发表个人观点。利用网络语言正常地表达观点意见无可非议，但是，网络并不是可以肆意妄为的"无人区"。网民理应使用文明语言，理性沟通。避免在线交流情绪化是借助网络进行沟通的民众需要承担的社会责任。

在线沟通中使用的特定交际符号，充分体现了网络时代背景下民众的心理需要，是民众对网络化美好生活积极关注和寻求个性表达的直接表现。网络语言方兴未艾，为网络时代民众表达与创造力开发提供了一个有效的出口。伴随网络语言的传播与普及，学界及管理机构应该认识与辨析民众在创造与表达网络语言时的内在心理需要，以便有针对性地采用有效的措施，引导网络语言造福于民众幸福生活，努力避免网络语言滥用带给社会及民众的消极影响。比如，民众的工作及生活压力增大，如何引导网民在网络世界中健康地沟通、放松、休闲、娱乐变得非常关键，相关机构可以引导民众自主开发与传播趣味足、幽默感强的网络用语，以满足其网络生活的能力需要、自主需要与关系交往需要，增加其心理满足感。

网络与人际

第 6 节 在线热络聊，关系就可靠吗
——网上人际关系

迅猛发展的互联网技术，丰富和改变了人们的人际关系，在线关系应运而生。近年来，"网络一线牵"成为人们必备的人际互动方式。

在早期，在线关系被划分为"线上关系"和"线下关系"，两种人际关系所涉人群的重叠度较低。但近年来，社交网站兴起后，越来越多的线下关系开始"线上化"，人们普遍利用便捷的网络维系并发展自己的人际关系。

一、在线关系的形式及其特点

同现实生活中一样，互联网上的社会关系也可以分为同伴关系、恋爱关系等类型。

首先，在线同伴关系。在线同伴关系在交往规模、交往

对象的结构等方面具有一些基本特点。在网络交往中，研究发现人们通过在线互动建立的朋友数量，5 人以下和 21 人以上的占比最高。这意味着个体能够利用网络建立庞大的虚拟社交网络，从而拓展更多的在线友谊。同时，也存在一定数量的个体基于网络社交发展的在线同伴关系有限。

在交往对象的结构方面，人们更倾向于将线下社交网络转移到网络上，即线下人际网络构成了个体在线同伴交往的主体。

其次，在线恋爱关系。在线恋爱关系存在男女差异。关于男女两性在约会网站上的行为特点和择偶模式的研究表明，年龄相似性并非影响建立浪漫关系的关键因素，与之相比，社会地位、教育程度和容貌吸引力等因素对在线浪漫关系有更高的影响力。

这些因素与进化行为理论的观点一致，即女性择偶时倾向于寻找社会地位高、资源丰富的男性做配偶，而男性则倾向于寻找生育能力更强、性吸引力更高的女性做配偶。

另外，相比于"面对面"交往建立的人际关系，在线关系本身具有虚拟性、开放性、多样性、弱联系性（脆弱性）、平等性和高效性（便捷性）等特点。

二、在线关系发展的影响因素

（一）个人因素

第一，人格特质。人格特质是一种较为稳定的个体特性，会影响个体的认知和行为，如在线互动等。在人格特质方面表现出较低外向性和低宜人性的个体，在建立在线关系方面可能会面临一些挑战；而对于外向性和开放性较高的个体而言，在线互动在一定程度上成为扩展他们线下人际关系、获取更多社会支持的关键途径，因此，他们的在线关系和现实中的人际关系往往存在一定的重叠。

第二，自我知觉。自我知觉会影响个体的在线互动，包括个人神话、自尊和自我效能。比如，个人神话明显的青少年——相信自己"无所不能、无懈可击、独一无二"的青少年都偏好互联网社交。对于浪漫关系卷入程度较高的人，自尊程度越高，使用网络约会服务的频次越高。同时，如果自我效能感越高，那么他们在社交网站上的朋友数量也会越多。

第三，同伴关系。同伴关系也会影响人们的在线关系，包括同伴依恋、友谊质量和社交退缩等。比如，在现实交往中感到不自在的人更喜欢进行在线互动，在现实社交中容易退缩的人在网络关系中却表现活跃等。

（二）在线互动的自身特点

在线互动具有视觉匿名、空间穿越、时序弹性、存档可查和可弥补性等特征，这能为个体提供较为安全的在线互动环境，并促使个体最大限度地掌控自我的展示和表达。同时，在线互动能给人们提供与他人互动的必要连接，在线关系质量也可以像现实友谊质量那样亲密和有意义。在线互动在扩展远距离的社交圈子的同时，也维持、强化了近距离的社会交往，这在一定程度上吸引个体在线上交友和互动。

（三）目标线索刺激

同现实交往一样，某些线索性因素，也会对在线互动产生影响，比如，游戏角色的外表及其在游戏中的虚拟社会地位会影响其他玩家对他人吸引力的评定。

此外，在线互动还会受到在线交往体验感和沉浸感的影响，比如，人们感知到的社会资本和在线互动沉浸感会影响其社交网站的使用意向。

三、在线互动对个体心理发展的影响

（一）在线互动对个体自尊的影响

自尊会受到人际交往的控制感和人际关系的质量的影响。在线互动能够通过提高个人对人际交往环境的控制感，改善人际关系质量，进而对其自尊产生积极影响。

在人际交往的控制感方面，在线互动过程中人们可以通过选择交往对象、组织语言信息、控制自我表露等方式进行高效的印象管理，并提高自己对在线互动环境的控制感。有研究证实，对在线互动环境的有效控制，能够使自尊水平较低的人避免体验在线下社交环境中所体验到的消极情绪，如羞怯、紧张、评价焦虑、沮丧等，并且通过与他人建立良好的人际关系以弥补线下社交过程中社交技能的不足，提高个体对社交环境的控制感，进而对其自尊产生积极影响。

在人际关系的质量方面，个体自尊也会受到在线互动所建立的同伴关系、亲子关系和师生关系的积极影响。如个体可通过在线互动与相隔两地的同伴维持稳定且持久的同伴关系，甚至与陌生人建立新的人际关系，进而改善同伴关系质量。同时，线上亲子互动、师生互动能够加强亲子之间、师生之间的相互联系和了解，提高关系质量，进而提高自尊水平。

（二）在线互动对个体心理健康的影响

在线关系对人们心理健康的影响得到了研究的证实，但针对在线关系对人们心理健康影响的具体效果（积极或消极）的结论并不一致，未来需要更多研究。

持积极观点的研究者认为，在线关系是个体社会资本的重要来源。一方面，他们认为人们在线上与已有朋友进行互动有助于维持现有人际关系，尤其是维持异地关系，并从中获取情感支持。另一方面，在线互动具有较高的开放性，个体可以通过在线互动与不同领域、不同行业的人建立人际关系，获取专业支持，如在线医疗咨询等，这有助于个体获取大量、高效的信息支持。

此外，在线关系的建立对降低人们的孤独感及抑郁情绪也具有积极的作用。在线互动的沟通成本低，因此提高了个体与他人沟通交流的频率，这有助于提高个体与他人之间的亲密感。

持消极观点的研究者则认为，在线互动在一定程度上会导致强迫性互联网使用，提高人们的抑郁水平，并且人们在线上更易接触到比自己优秀的人，由此产生妒忌、抑郁情绪。

四、在线关系的维持、中断和修复

（一）在线关系的维持

相比于线下关系，在线关系更容易维持。网络用户可以在他们任何空闲的时候进行交往，因而一些可能会破坏线下关系的潜在因素在网络空间中就起不到决定性的作用了，例如地理位置的改变、时间安排的冲突等。同时，社交软件的不断发展和完善也使人们的网络人际互动更加便捷。个体可以跨越时空条件的限制，通过手机随时随地与家人、朋友在线互动，由此维持和发展人际关系。

（二）在线关系的中断

当在线互动出现不愉快时，个体可以选择消极应对，如延迟回复信息、以简单的词汇敷衍对方，甚至采取拒绝回复信息、将对方列入黑名单、屏蔽对方发言等措施，最终结束在线关系。这在一定程度上缩短了人际关系中断所需的时间，也降低了关系中断对其情绪带来的负面影响。

（三）在线关系的修复

在网络交往中，冲突是难以避免的。在双方都愿意继续维持关系的情况下，网络用户可以多关心对方，并且采用合作性的——包括整合性的（对自我和他人都高度关心），亲切的（对自我少关心、对他人多关心）和妥协的（对自我和他人都适度关心）冲突管理方式来处理冲突；同时要避免非合作性的——专横的（高度关心自我而对他人漠不关心）和回避性的（对自我和他人都不关心）冲突管理方式。

第 7 节　低头玩手机，关系难亲密
——手机冷落行为

　　移动网络技术的快速发展，使得智能手机逐渐进入了我们的日常生活。机不离手、人机一体，随时随地持续查看手机，已成为人们的一种生活习惯。手机能够为用户提供与家人、朋友、同事远程联系的机会，也为人们的娱乐、网络购物等方面提供了极大的便利。

　　值得注意的是，智能手机为我们的生活提供便利的同时，也使得我们会因过度沉迷而受到意想不到的伤害。近年来，在世界各地，父母因低头沉溺于手机而导致婴幼儿死亡的事件常常见诸报端，伴侣之间因为对方低头玩手机引发的争执也是屡见不鲜。手机引起的冷落行为已经成为不容忽视的问题。

　　"低头行为""低头族"这样的新词出现，实际上指的是"手机冷落"行为，即人们因低头使用手机而造成的对身边人

的冷落和忽视。

一、父母低头玩手机的影响

父母手机冷落行为指父母照顾与陪伴孩子时，过分使用手机而忽视孩子。父母过分使用手机对孩子发展产生的不良影响，已经成为社会关注的热点问题，也逐渐引起研究者们的重视。

（一）父母手机冷落行为对亲子关系的影响

1. 增加孩子遭受意外伤害的风险

父母在低头使用手机时，注意力往往仅局限于手机屏幕，对孩子可能遭受的意外伤害浑然不觉。美国疾病控制和预防中心的相关报告指出，父母低头玩手机会使孩子受到意外伤害的概率增加10%。首先，父母手机冷落行为可能提高幼儿溺水风险。幼儿在无人看管的情况下，溺于水中1—5分钟就可发生溺亡。其次，父母手机冷落行为可能提高孩子做出危险行为的频率。父母只顾低头玩手机，通常无法及时制止孩子做出危险行为。

2. 降低亲子之间的交流质量

父母在陪伴孩子的过程中，如果过分痴迷于玩手机，会降低亲子之间的交流质量。一方面，过度低头玩手机会导致父母对孩子需求反应迟钝。例如，新妈妈过分低头玩手机，会对新生婴儿需求不敏感。这会导致新生婴儿缺乏安全感，产生不安全的母子依恋。另一方面，这会拉大父母与孩子之间的情感距离。在亲子关系中，父母仅仅出现在孩子面前是远远不够的，更重要的是与孩子建立紧密的情感联系。同时，父母在孩子面前过分痴迷于玩手机，会导致儿童产生嫉妒感，认为自己不如手机在父母心目中重要。

3. 导致孩子问题行为增多

首先，父母是孩子最好的榜样，想让孩子成为什么样的人，父母先要成为什么样的人。父母沉迷于玩手机，孩子通过观察父母的行为习得该行为，会导致孩子更易于网络成瘾。其次，父母只顾玩手机而不理孩子，会降低孩子的自我价值感，导致其自尊水平较低、自信较差。最后，父母低头行为会明显导致孩子各种问题行为增多，如自残以引起父母关注等。

（二）父母低头行为影响亲子关系的原因

父母手里捧的是手机，而不是孩子。有心理学的理论认为，父母玩手机的时间会减少甚至完全取代亲子之间的互动时间，这会导致亲子交流质量下降，亲子关系疏远。

一方面，父母会因低头玩手机分心，无法完全沉浸在亲子交谈中，导致谈话质量下降。另一方面，亲子互动时，父母低头玩手机会导致其注意力无法全部集中在孩子身上，错失关键信息，甚至要求重复讨论，进而导致孩子失去兴趣并变得失望。

同时，亲子互动中父母沉迷于玩手机会发出一个明确信号：玩手机比亲子交流更有趣，手机比孩子更重要。

二、伴侣低头玩手机及其影响

浙江省高级人民法院基于 2018 年全省 5 万对夫妻离婚纠纷的统计发现，生活琐事是导致夫妻离婚的"头号杀手"，如伴侣过度沉迷手机等。"世界上最远的距离，不是生与死，而是我在你身边，你却在低头玩手机。"这句话生动地反映了当今社会的一种常见现象——伴侣手机冷落行为。

（一）伴侣手机冷落行为对亲密关系的影响

1. 关系不满的新诱因

随着移动网络的快速发展，智能手机功能日益强大，人们外出可以不带现金，但不能不带手机。手机融入人们生活的各个角落，情侣之间可能会因为不满对方过分玩手机而争吵，夫妻之间可能会因为对方只玩手机不干家务而冷战。

人际交往中过度使用手机会给对方留下不良印象，并影响双方的沟通质量。在亲密关系中，伴侣低头玩手机会导致另一半对亲密关系的满意度降低。同时，相比于结婚年限小于 7 年的人群，伴侣低头行为对关系满意度的不良影响在结婚年限大于 7 年的人群中更为明显。

2. 抑郁增多的新风险

婚姻不幸者更容易抑郁。伴侣通常是一个人的重要社会支持源，如果不能从伴侣那里获得情感、心理等方面的支持，那么人们面对生活压力时更易于产生抑郁心情，甚至患上抑郁症。

一方面，如果伴侣花费大量的时间低头玩手机，使得本应该给予对方的关心、支持和爱被手机抢夺，这会导致个体缺乏来自伴侣的支持。另一方面，当伴侣的爱被手机抢夺，自己的需求因手机而得不到回应时，个体会产生愤怒、焦虑等消极情绪，这些消极情绪会使个体更易于产生抑郁。

3. 婚姻破裂的"新杀手"

基于 1953 名刚分手或离婚的英国成人调查显示，超过一半的人均认为社交媒介的不合理使用是导致他们分手或离婚的重要诱因。只顾低头玩手机，对家务不管不顾成为了很多婚姻破裂的导火线。

（二）伴侣手机冷落行为影响婚姻关系的原因

婚姻关系中，伴侣双方强调关系互惠、投入与回报之间的平衡。社会交换理论认为，个体在社会交往中会不断评估投入与回报，评估的结果会影响对关系的满意度。

夫妻之间也会有意或无意地评估自己和对方在婚姻生活

中的投入与回报。个体在婚姻生活中持续的低头玩手机行为，会让人产生投入与回报不平衡感，引发冲突与不满，进而导致对婚姻的满意度下降。

三、脱离手机奴役的对策

为了减少低头玩手机而对自己的日常生活、亲子关系及伴侣关系带来的消极影响，下面的一些方法值得试试。

第一，吃饭不玩手机。吃晚饭时，家人是否还在玩手机呢？把手机收起来，将"吃饭不玩手机"作为家庭公约，在忙碌一天后和家人一起体会一下美好的晚餐时光，聊一聊一天的趣事。

第二，开车不玩手机，玩手机不开车。开车的时候使用手机是一件非常危险的事情，美国运输部统计，开车使用手机每年会造成 160 万起交通事故，并且导致约 50 万人受伤和 6000 人死亡。驾驶时收发信息已成为美国青少年致死的主要原因之一，是醉酒驾驶所造成事故数量的 6 倍。为了自己和家人的安全，开车时就把手机藏起来，好好开车吧！

第三，开启 App 的"消息免打扰"模式。各种应用程序自动弹出的消息通知会时刻提醒人们去关注手机。这些消息往往会损害你的专注力，把你的注意力从重要的事情上转移到琐事上。开启"消息免打扰"模式，可以帮助你关掉不重要的消息通知。

第四，使用真正的闹钟。手机闹钟不仅能将你从睡梦中叫醒，但是也会一早就提醒你玩手机。为了防止自己醒了就玩手机，换个老式的闹钟吧！

第五，设定屏幕空闲时间。对于孩子而言，每天玩手机的时间最好不应该超过 2 小时；成年人也要有意识地加强自律和自控能力训练，减少玩手机的时间。请设定屏幕空闲时间，让手机屏幕休息休息！

第六，减少手机数据流量。如果以上说的各种方法都不能让你从对手机的沉迷中解脱出来，那么主动更换数据流量套餐，减少你每个月可使用的数据流量吧！

第8节 网上做善事，患难见真情
——网上亲社会行为

"人间有真情，人间有真爱"，在生活中，我们经常会被一些无私帮助他人的行为所感动，从扶老携幼、义务献血，到见义勇为、救助身处灾难中的人们，甚至舍己为人牺牲自己的生命……在网络发达的时代，我们发现网上也存在很多这样的善意行为：在各种平台上回答自己擅长的问题、主动发布一些攻略或为网友提供帮助、通过网络救助弱势群体，甚至帮助执法部门打击违法犯罪行为等。这些网络用户的常见行为都可以被视为网上亲社会行为，即在网络环境中发生的、对社会有益的行为，这一概念包括网络环境中发生的源自利他动机的助人行为和能够促进网络社会积极发展的其他行为。

在网络技术尚未普及、大多数人还是通过面对面交流的时代，人类社会的亲社会行为的表现形式主要是帮助他人、彼此分享、共同合作、情感安慰、捐款捐物、同情关心、互助互利等。但在以符号为主要交流载体的网络环境中，网上亲社会行为有迥然不同的表现形式，比如提供免费的信息咨询服务、提供技术和方法指导、以虚拟资源支援他人、共享在线资源、在线表达支持或情感安慰、发起或积极转发社会救助信息，以及开展网络志愿服务等。从实际情况来看，网上亲社会行为的发生及其产生的影响并不局限于网络社会中，而与现实生活相辅相成、息息相关。

网上亲社会行为不仅能对网络环境产生积极影响，包括但不限于优化网络环境、强化网络社会道德、增进网络用户的社会信任和维护网络人际关系等，还能够降低和抨击欺骗、攻击等消极网络行为。

一、网上亲社会行为的特点

网络时代的在线求助行为可以突破时空的限制，随之发生的亲社会行为也表现出了新的特点。

第一，广泛性。网络社会中的亲社会行为比现实生活中的出现频率更高。网络的匿名性特点有助于保护求助者和助人者，求助者可以选择多个平台进行自我信息表露，以更好地获得他人的注意与同情，这也有利于他人更有针对性地施助。此外，网络环境极大程度地扩展了人际交流的时空范围，这一趋势让参与网络交互的群体表现出跨越社会地位、收入、身份、种族差异的特点，这决定了参与网上亲社会行为的个体也具有了跨地域、跨民族的广泛性。

第二，及时性。在网络中，求助信息从发出去到得到反馈的时间被大大缩短。非虚拟世界中，求助信息通常受到时空条件和信息传播途径等因素的限制，但网络交流具有交互性、即时性和超越时空等特征，可以让求助信息以图文或音视频的方式快速被世界各地的人看到，助人者便可及时做出反应。

第三，开放性。由于网络环境的开放性，网上亲社会行为的整个发生过程都可以被记录下来，从而被其他人看到，这为求助者和助人者都提供了方便。

第四，非物质性。网络环境中人们的交流主要通过信息传递来实现，网上亲社会行为的发生也是如此，助人者和求助者之间传递的不完全是物质，更多是信息。信息传递的便捷性和即时性特征大大降低了网上亲社会行为的成本。

二、网上亲社会行为发生的原因

网络中的亲社会行为发生频率较高，这种现象该如何解释呢？

首先，进化心理学理论认为，人类和动物所有的行为最初动力和最终目的都是实现物种的生存和延续，亲社会行为也不例外。不管是线上还是线下，亲社会行为发生的根本原因在于可以提高人类种族生存概率、促进人类基因延续下去。

其次，从情绪角度来看，"共情—利他假设"认为移情是亲社会行为的源泉。"共情"指的是"与某人同感"或"把某人的感受当作自己的感受来体验"，出于共情的亲社会行为特别强调助人者的情绪过程，可以理解为助人者由于同情他人的痛苦而帮助对方。"消极状态缓解假设"认为，助人者选择亲社会行为的原因是想要通过助人来缓解自己的消极情绪。有研究发现，当个体感觉内疚或羞愧时，更容易觉察他人的求助信息，也更愿意做出助人行为。此外，在灾难发生时，很多人通过网络看到遭难者的痛苦会产生替代性创伤，而网络捐助行为可以减轻他们的痛苦感受。"移情式快乐假说"认为，助人者可以通过提供帮助让自己感受到积极情绪——赠人玫瑰，手有余香，助人行为可以让助人者感知他们对救助对象产生了积极影响，从而在此基础上产生成就感，这种成就某人目标的积极感觉使他们愿意提供帮助。

再次，社会交换理论认为，人类的所有社会行为都可以从经济学角度来分析，亲社会行为也不例外。根据这一理论，人们会权衡亲社会行为的潜在收益和成本，当收益大于成本时，人们才会选择继续这种行为。行为的成本不仅包括金钱或物质，还包括投入的时间和精力等，而收益也涵盖了乐趣、友谊、陪伴、服务、信息和社会地位等。网上亲社会行为的回报方式也有很多种，比如减轻助人者自己的心理压力、得到他人的赞许、增强助人者的自信和自尊等。

最后，社会规则、规范和期望也会影响网上亲社会行为的发生。例如互惠规范，生活在社会中的每个人都可能得到过别人的帮助，因此，当他人处于困境时，社会中的每个人都有义务去帮助他们。这种机制促使人们产生"我为人人，人人为我"的亲社会行为动机。再如社会责任规范，社会责任让我们意识到，我们应该帮助需要帮助的人，而不希望得到回报。因此，基于责任的助人行为经常是在匿名和完全不期待任何回报的情况下做出的。

三、网上亲社会行为的影响因素

有哪些因素能帮助我们理解网上亲社会行为呢？

首先，从网上亲社会行为的实施者特点来分析。第一，性别因素。无论是在现实还是在网络环境中，男性似乎都更喜欢帮助女性求助者。在网上，男网民更愿意提供计算机和网络知识与技能方面的帮助，女网民则更可能为他人提供情感支持。由于网络环境的匿名和不在场特性，男网民更多地从网络昵称、头像和其他个人信息中判断对方的性别，在游戏中也更喜欢帮助刚加入的"女性"网友。第二，兴趣和能力。人们对于自己感兴趣或擅长的事会表现出积极和主动性，有些积极提供技术帮助的网络用户认为自己"对电脑技术有了解，也很感兴趣""只是做自己喜欢做的事情"，而且认为在线帮人解决技术难题能体现自己的能力。第三，榜样作用。很多人在从网络新用户变成老用户的过程中都接受过其他用户的帮助，当他们有能力提供帮助时，也会模仿学习曾经给予自己帮助的人，对后来的上网者提供帮助。

其次，尽管网络交流方式越来越多样化，但文字交流仍是网络求助信息的主导形式。因此，求助语言的使用对于获得帮助起到了关键作用。以诚恳的语气表达，能够增强求助信息的可信度，消除帮助者的疑虑。除了文字外，还可以利用网络符号、照片、头像及音视频等信息来吸引更多人关注，提高求助效果。此外，信息的标题也会影响信息的受关注度，进而影响获得帮助的数量与质量。

最后，从亲社会行为发生的网络情境来分析，网络用户的多样性和内容的丰富性为求助者提供了更多的选择，使得他们更倾向于通过网络寻求帮助。同时，网络的即时性和交互性也为信息的快速传播和高效反馈提供了便利条件。这不仅有利于求助信息的扩散，还使得助人信息的反馈更加及时，从而提高了网上亲社会行为的效率，降低了整个流程的成本。

但是，因为信息传播和反馈的广泛性，网上亲社会行为也会出现信息冗余，反而给求助者造成困扰。

四、网上亲社会行为的促进

当今社会，随着网民在线活动的不断增多，其对社会的影响力也在逐渐增强，因此，加强和促进网上亲社会行为的发生显得尤为重要。那么，如何有效地促进这种行为的发生呢？我们可以通过以下几点来实现。

第一，提高网上求助技巧。如果选择在线求助，求助者首先需要选择可靠的网络平台，编写图文并茂的求助信息，确保表达清晰、语气诚恳，其次要想一个更容易吸引大家注意的标题，尽力提高信息被看到的可能性。

第二，要重视网络社区中亲社会行为榜样的引领作用。由于网络中亲社会行为的潜在践行者和受益者众多，影响广泛，因此将部分具有典型性的网上亲社会行为立为榜样，从而充分激发其他成员的助人热情。

第三，建立适当的奖励或反馈机制，强化网上亲社会行为者的行为。在网络环境中，对助人者给予适当的奖励或反馈，可以增强其内心的满足感，使其形成"富有同情心和乐于助人"的自我认知，从而进一步促进亲社会行为的发生。

第四，增强网络成员对网络社区的认同感与归属感，进一步推动网络成员的互助行为。由于网络用户往往更愿意帮助同群体的成员，我们可以通过增加沟通和交流的深度和频率，提升成员的忠诚度，加强成员间的情感联系，从而促进网上亲社会行为的发生。

第9节　网上易造假，小心被欺诈
——网上欺骗行为

有人利用网络进行欺骗、有人在网络上遭遇欺骗，这样的事不时发生，其形式五花八门，其手段无奇不有。

在网上欺骗行为中，欺骗者的真实身份通常藏匿在互联网的面具下。网上欺骗行为不仅仅发生在网恋现象或一对一的网络接触中，也会发生在网络聊天室、论坛等平台。

掩饰和模拟是欺骗的两种基本策略，欺骗者通常会伪造一些看似可靠的信息达到诱骗受害人的目的，包括非主动的掩饰、隐藏互动方需要了解的信息等。

一、网上欺骗行为的类型和特点

网络欺骗行为主要可分为四种类型，包括隐瞒身份、类别型欺骗、扮演他人、恶作剧等。

隐瞒身份是指网络用户故意隐藏、省略自身真实的身份信息，比如采用匿名或化名形式；类别型欺骗是指网络用户虚假地捏造自己特定的形象，比如在网络上改变性别、表达错误的自己；扮演他人是指个体在网络上扮成他人；恶作剧是指网络用户用挑衅性问题或无用语句来使人难堪的行为。

在网络中，用户可以尝试不同的身份和性格，转换性别是其中一种常见的现象，例如在网络中，女生谎称本人是男生，进而获得更大的权力感；男生谎称本人是女生，进而得到更多关注。此外，也有些用户虚构自己的生活经历，以此引发大量关注。网络的匿名性大大方便了互联网用户有选择地展示自己的身份信息，这从客观层面上促进了网上欺骗行为的发生。

网络欺骗行为存在普遍性。有研究对聊天室用户进行了调查，发现网络欺骗行为十分广泛，其中谎报年龄的个体占61.5%，谎报职业的个体占49%，谎报收入的个体占36%，谎报性别的个体占23%。在这些用户中，男性多在社会经济地位等话题上说谎，女性则多是为了保障自身安全而说谎。其他研究表明，在网络交往中，刻意夸张自身魅力的用户占

27.5%，虚报年龄的用户占 22.5%，虚报职业信息、居住信息、受教育经历等资料的用户占 17.5%，有意矫饰自身兴趣（比如爱好、宗教信仰等）的用户占 15%。

但是，也有研究认为网络欺骗行为并不普遍，一项对 257 名网络用户的线上调查显示，虽然 73% 的用户认为网上欺骗行为非常多，但是仅有 29% 的用户表明曾做出网络欺骗行为。

二、网上欺骗行为的影响

（一）对个人的影响

对于欺骗者，网络欺骗行为会对欺骗者的心理和人际交往产生影响。事实上，做出网络欺骗行为的人在社会化过程中可能会抵触具有约束性的人际交往，但在内心深处却渴望参与团体交流互动的过程，这种无法被满足的渴望是造成他们精神紧张的来源。于是他们选择在网络世界运用网络欺骗行为虚构身份，在虚拟的世界里获得满足，进而逃避存在于现实生活中的矛盾。这些欺骗者沉溺于虚拟网络的同时与现实世界慢慢脱轨，无法区分真实的自己，引发与周围人正常交往有关的角色障碍。

此外，由于网络世界无法保证用户言论的真实性，甚至有些用户还会公开承认并认可对方发布的虚假信息，很多欺骗者因此以娱乐心态进行网络欺骗行为。他们对自己撒谎的行为并无负罪感，同时，对他人的言论也不信任。这种由网络欺骗产生的信任危机甚至会对用户现实世界的人际沟通和交往产生影响，表现为在现实生活中，个体缺少真诚心并怀疑他人的真诚，最终危害健康人际关系的产生与发展。

对于被欺骗者，网络欺骗行为会对被欺骗者的情感产生影响。因为网络世界中人与人之间的隐蔽性和虚拟性，所以欺骗者能无拘无束地表达自己的情感，比如一些用户会在网络上疯狂调情，这有可能使诚心诚意的被欺骗者受到情感上的伤害，对被欺骗者之后的感情发展也会产生一定影响。

网络交往中产生的信任危机甚至会对用户现实世界的人际沟通和交往产生影响，表现为在现实生活中，个体缺少真诚并怀疑他人的真诚，最终危害健康人际关系的产生与发展。

（二）对社会的影响

网络欺骗行为还带来了道德缺失问题和违法犯罪行为。网络交往的虚拟性会淡化用户的责任意识，并对传统的道德观念产生不利影响，比如传统道德观念中的真诚、诚实、责任等原则在网络交往中并未被普遍认可。与之相反，随意交流、自得其乐、不计后果、为我所用等思想在网络世界盛行，用户如果长期沉迷于互联网的世界，必然会受到这些不良思想的荼毒，导致道德的缺失，甚至做出违法犯罪行为。

三、网上欺骗行为的影响因素

（一）网络信息技术的特点

第一是虚拟性。与现实世界中的物理空间不同，网络交往存在于数字化形式的信息关系结构中，属于电子网络空间，在此基础上，网络交往成了具有虚拟性的行为。

第二是隐蔽性。隐蔽性是指网络交往行为以多种网络图标、网络数字、网络符号作为中介，而这些中介可以根据自身需要随便填写或修改。凭借网络上任意创造的代号，用户能随意隐蔽真实世界的信息，包括性别、地位、职业、学历等，并任意塑造所需要的形象。

第三是开放性。开放性是指用户在网络中可以根据自己的意愿做想做的事，互联网给任一思想、言论、观点的存在提供了空间。

第四是互动性和平等性。互动性和平等性是指在网络交往中，人们可以在信息发布、传播、接受的过程中进行实时互动。网络中的信息交流是双向的，每个人都可以成为网络信息的发布者、传播者和接收者。在此基础上，人们可以在网络上无拘束地畅所欲言，自由自在地表达与分享自我。这种网络交互行为让人们处于自由和平等的地位，表现出网络信息交流的平等性。

第五是超时空性，即使相隔万里，互联网也能让个体突破地区限制，突破民族之间、国家之间、社会制度之间、文化背景之间的限制进行互动，并且以非常快的速度将音频、文字、图像、动画等多维度的信息，在极短时间内传播到世界任何一个角落，真正做到突破和超越时空。

（二）个人上网的心理特点

网络欺骗者可能具有一些共同的心理特征，其中补偿心理十分重要。在心理学中，补偿心理是当个人目标由于主观或客观条件限制无法达成时，个体会努力以新目标替代旧目标，用现在的成功经验弥补过去失败的痛苦。网络的特殊属性为互联网用户创造了庞大的虚拟电子空间，用户得以通过美颜、捏造虚假信息等方式补偿现实生活中的挫折。

（三）网络监督和管理的原因

网络技术在中国发展的历史并不长，监控和管理工作还有进一步完善的空间。

在立法方面，我国已有的法律在支持飞速发展的互联网行业方面尚需完善；在技术层面，我国仍然需要研究新的技术和设备阻止不良信息的传播，减少网络不良信息的危害；在管理层面，我国对互联网行业的监管也有完善的空间。

四、网上欺骗行为的防范

（一）从互联网技术层面

为保证网络安全，需要加快网络信息技术的开发和完善，相关的组织需要明确自身部署，主动承担责任义务，打击网络不良现象。

（二）从个人心理关注和教育层面

关注个体的心理健康状况、形成良好的心理品质和正确的网络规范观念，表现出良好的网上行为。研究发现互联网用户道德认同越强，网络欺骗行为越少，因此培养互联网用户的道德认同感能够减少他们的网络偏差行为。具体而言，培养个体的是非判断能力，增强其道德判断力，可以促使其形成对网络道德的正确认识，养成道德自律。

（三）从各方管理层面

相关部门应加强对互联网的监督和管理，提升网络立法与执法力度，共同营造安全稳定的网络环境。我国在 1994 年后颁布了一系列计算机系统安全和管理的法律法规，并对与互联网相关的法规进行了修订和完善，随后发布了网上信息发布规范，网络信息审查与监管、知识产权保护等方面的管制规定，切实做到有章可循，有法可依。这方面的工作仍需继续完善，以应对不断出现的新型网上欺骗行为。

第10节　污名满网跑，排斥躲不了
——网上偏见与排斥

生活中，人们会对他人和环境中的事件、事物产生负面的认知和态度，一旦这种认知和态度脱离了客观事实，就成了偏见。通常情况下，偏见是人们依据群体成员的身份形成，并且是消极或有敌意的。人们在使用网络的过程中，产生或传播的偏见，即为网络偏见。而网络排斥就是人们在网络平台上对他人实施的忽视或拒绝，往往是由于人们持有某些偏见而产生的。

一、网络偏见与排斥的特点

相比于线下的偏见，网络偏见有四个特点。

首先是匿名性。匿名性会让网络偏见更容易发生。网络的匿名性会让人们规避一些社会规范的束缚，进而显露自己的一些偏见，并且在文字表达上会显得更为轻蔑与粗暴。

其次是私密性。人们会觉得在网络媒体上发表一些带有偏见的言论更私密，更不容易被人发现。

再次是随意性。一些直播平台类的自媒体或新兴媒体，会比正规媒体传达更多的带有偏见或歧视类的信息。因为这些内容通常都比较符合受众的胃口，从而让人们对这些媒体更感兴趣，也更愿意相信这些信息，同时，这也会让人们转发信息，进而让偏见迅速传播。

最后是重复性。一些含有偏见的流言发布到网络后，很难被彻底清除。这些信息会经常、反复地暴露在人们的视野下，这会对那些受到排斥和偏见的人产生持续性、重复性的伤害。

二、网络偏见与排斥的影响

当人们遭遇网络偏见及由之引起的网络排斥后，归属感、意义感、控制感及自尊会下降。

第一，归属感反映的是人们和某一群体的联系，体现人们对特定群体的隶属和认同。当人们受到自身所属群体之外的人的排斥后，会更愿意在自身所在的群体内寻求支持和安慰。如果人们受到自己所在群体中的人的排斥，人们可能就会对这个群体产生失望，进而不愿意融入这个群体。

第二，意义感也称为存在意义，它反映的是与人们生活、工作的价值、目标有关的信念。当人们遭受网络排斥后，就容易对生活失去信心，没有勇气面对未来，甚至认为自己毫无价值。青少年正处于成长的关键时期，相较于成年人，他们遭遇网络排斥的后果更为恶劣。

第三，控制感指的是人们对于自己及身边事物的掌控能力。遭受到网络排斥后，人们会觉得自己对周遭事物失去控制，感到无力影响和改变自身及自己的生活环境。

第四，自尊是人们对自身价值的综合评价。人们在进行自我评价时通常会参考他人对自己的评价。当人们在网络上遭受非议或消极评论后，人们自我评价的参考点就会发生改变，就更容易做出消极、否定的自我评价。一些遭受排斥的青少年还可能陷入恶性循环，他们可能会将自己受到的不公正待遇看成社会不公平的结果，进而产生消极认知，形成对他人的偏见，并将这种偏见发表在网络上，形成新的网络偏见和排斥。

另外，网络偏见和排斥对于心理素质不高，甚至有心理健康问题的人会造成更为严重的消极后果。一些新近科学研究发现，社会威胁和生活压力不仅威胁人们的心理健康，还会对人们的生理机制产生消极影响，进而威胁人们的身体健康。因此，网络排斥作为一种社会威胁和社会压力源，也是人们身体健康的潜在威胁。

三、影响网络偏见与排斥的因素

影响网络偏见与排斥的因素可以从偏见与排斥产生的因素，以及影响网络偏见和排斥传播的因素两个方面进行分析。

（一）偏见与排斥产生的因素

偏见和排斥的产生因素包括个体因素与社会因素两个方面。

首先是个体因素。人们自身的一些人格特征、过去的生活经历、持有的一些偏激和歪曲的认知方式和态度，都会导致他们产生偏见，并将偏见发布在网络上。此外，偏见的产生也可能是人们出于对威胁和恐惧的自我保护。同时，一些人为了和自己所在群体的其他人保持态度一致，他们会遵从、习得群体所持有的态度，如果他们所在群体持有某种偏见，他们也容易产生同样的偏见。

其次是社会因素。从社会层面上看，偏见与排斥的产生与群体之间的竞争、歧视有密切关联。人们通常更喜欢自己所处群体内部的人，而对群体之外的人态度并不友好，甚至敌视。在社会突发事件中，当有自身所处群体之外的人卷入时，人们对他们的偏见就会更加凸显。

（二）影响网络偏见和排斥传播的因素

影响网络偏见与排斥传播的因素可以从媒体、信息、个体、人际四个方面来看。

第一，媒体特征。在网络沟通中，如果一个人的发言总是迟迟得不到反馈，那么这个人就会认为自己不受别人喜欢而被排斥。人们在网络社交中更能容忍纯文本沟通中的沉默所带来的排斥，而对视频沟通等媒体信息丰富的平台中的沉默容忍度则比较低。人们在低速信息反馈的网络沟通中，会比在高速反馈的沟通中体验到更多的网络排斥；高效传递信息的平台中存在的沉默现象，会比低效信息沟通平台中的沉默现象更容易被人们感知为网络排斥。

同时，网络沟通的存档可查特点，提供了在沟通中和沟通结束后对沟通中的信息重新进行检查的可能性，这可以使个体加深对信息的理解。因此，人们在高再加工性的网络平台中一旦遭遇沉默，就更可能理解为自己被排斥了。

第二，信息特征。在网络沟通中一旦对方突然停止了交流，即停止信息传播，人们就有可能认为自己遭到了排斥。网络沟通中，个体如果在一定时间内没有收到信息反馈，就会体验到一种被忽视感，有研究发现这一时间是 8 分钟左右。同时，在线沟通中如果存在对某个人或某个群体持有否定、歧视的信息，就会被他们感知为偏见和排斥。另外，如果群发信息却屏蔽某些人，这会令被屏蔽的人感到被排斥。

第三，个体特征。人们自身的信任水平会影响他们所体验到的网络排斥。信任水平高的个体会对自己的体验产生合理化解释，并降低其所感受到的排斥体验。也就是说，信任感高的人，即使在网络沟通中遭遇沉默，可能会理解成对方在忙碌，而不是对自己的排斥。

第四，人际信任特征。高人际信任的人在沟通时，即使遇到暂时的沉默，他们也不容易将这种沉默看成人际排斥。另外，相比于熟人，人们在与陌生人进行网络沟通时，会更倾向于将对方的沉默理解成对方对自己的排斥。

四、降低网络偏见与排斥的方法

网络偏见和排斥产生和传播受到个体因素和社会因素的影响，因此，降低网络偏见和排斥就可以从个人和社会两个角度入手。

（一）个人视角

首先是呼吁理性。处于突发社会公共事件之中时，我们要努力让自己保持冷静和理智；对待弱势群体或正处于灾难中的人们要持有同理心。提高自身的信任水平，减少对沟通中沉默现象的偏见性解读。

其次是提高媒介素养。媒介素养可以帮助网络使用者公正客观地分析媒体中的信息，努力识别出其中隐含的带有偏见和歧视类的信息。我们在网络发布信息时，要多宣传正能量和积极情绪，不刻意制造和传播带有歧视意味的信息。

（二）社会视角

首先是正确引导。大众传媒和公共舆论要从积极视角客观公正地报道社会事件，对社会大众的价值观进行积极正确的引导。此外，媒体机构要加强监管，避免发布带有歧视和偏见的信息。

其次是增加关怀。社会和专业机构要对弱势群体和持有消极情绪的人们提供社会援助和心理疏导，增加人们之间的信任度和同理心。

网络与文化

第 11 节　网上玩游戏，有弊也有利
——网络游戏

　　网络游戏[①]是以互联网络为平台，以电脑、手机等为客户端、互联网络为数据传输介质，通过 TCP/IP 协议实现多个玩家同时参与的游戏产品。在游戏过程中，玩家可以通过操纵游戏角色以及游戏场景等，实现在线娱乐和社交的目的。

　　网络游戏是电子游戏与互联网结合形成的一种新型娱乐方式。它借助互联网这样一种先进的沟通和交流工具，来实现对于现实生活的再现或想象。网络游戏以一定的社会文化和时空特征为背景，依靠数字化等手段在虚拟空间传播特定的思维方式和行为方式，从而对用户的身心健康和价值观念等方面产生影响。

[①] 注意本章大部分研究及结论仅针对成年人。

一、网络游戏的类型和特点

（一）网络游戏的类型

其一，客户端游戏：用户需要将游戏客户端下载到电脑上，玩游戏的时候需要用账号和密码登录，如《英雄联盟》《魔兽世界》《征途》等。

其二，网页游戏：用户不需要安装客户端，打开网页就可以直接玩的游戏。如《丝路英雄》和农场类、餐厅类网页游戏。

其三，手机游戏：简称手游，用户下载到智能手机上或使用智能手机在网络玩的游戏。手机游戏又可以分为两类：第一类是手机单机游戏，指不需要连接网络就能玩的游戏，如《神庙逃离》《愤怒的小鸟》《水果忍者》等。第二类是手机网络游戏，指需要手机连接互联网才能玩的游戏，如《三国杀》《QQ斗地主》等。

其四，单机游戏：仅使用一台计算机或其他游戏设备，无须互联网支持就可以独立运行的各种游戏。

（二）网络游戏的特点

首先，从科学技术层面来看，网络游戏采用先进的技术手段，呈现虚幻而逼真的游戏情景，令人心旷神怡、流连忘返。网络游戏设计者运用三维（3D）技术演绎出壮观的场面、优美的画面和动听的音乐，游戏玩家则以虚拟身份身临其境地游戏。网络游戏营造的虚拟空间为玩家提供了一种更加直观精细、更接近真实世界的认知方式，使玩家获得极佳的游戏体验。

其次，从心理需求层面来看，网络游戏将互联网络和传统电子游戏相结合，具有以往单机游戏所不具备的人际互动性、情节开放性，以及更大的情感卷入等特点。研究者认为，玩家之所以喜欢玩网络游戏，是因为他们在玩游戏的时候既可以进行社会交往，也可以独自玩耍、享受游戏带来的乐趣，而且可以在游戏过程中进行探险、策略性思考和角色建构等。还有研究发现，网络游戏吸引玩家的心理因素还在于其具有平等性、合作性、竞争性和赏识性等。

二、网络游戏产生的影响

网络游戏会对玩家产生影响，这已经成为一个共识。但是其带来的影响的具体性质和强度，则取决于游戏内容、游戏频率、游戏情景、空间结构和游戏技巧等。人们对网络游戏多持抵触态度，原因在于网络游戏产生的消极影响。事实上，网络游戏对游戏玩家的成长也有一定的积极作用，适当的游戏方式能够促进他们的社会化。

（一）消极影响

首先，带有攻击暴力内容的游戏会增加玩家的攻击行为。以往研究表明，暴力游戏会引起玩家的不良生理反应，启动攻击性的认知、情绪和行为，提升其内隐攻击性。游戏中频繁出现的暴力会降低用户对暴力的敏感性，漠视现实生活中的暴力现象，也可能让人对暴力行为更加宽容，改变"暴力行为是不好的"观念，增加现实生活中的攻击行为并且减少助人行为。

其次，对网络游戏的过度依赖可能导致游戏成瘾。虽然网络游戏的成瘾性不像烟、酒、毒品等那么大，但在虚拟游戏的刺激下，心智不成熟的玩家可能感受到在现实世界所体会不到的快感，这导致很多心智不成熟的玩家出现网络游戏成瘾的问题。

最后，游戏过度可能影响心理健康。网络游戏成瘾者常常试图在虚拟世界中实现对"权力、财富"等需求的虚拟满足，并用其逐步代替现实生活中的有效行为，导致他们出现情绪低落、志趣丧失、生物钟紊乱、烦躁不安、丧失人际交往能力等现象，进而对其心理健康产生消极影响。

（二）积极影响

首先，适度游戏能满足心理需求。网络游戏之所以在网民群体中盛行，跟它能够满足人们的心理需求是分不开的。有研究者指出，网络游戏可以让用户宣泄在现实生活中产生的不良情绪，满足缺失型需要。此外，网络游戏还可以让玩家舒缓压力、放松身心，达到宣泄郁闷的目的。

其次，合理游戏能提高社交技能。游戏者在网络游戏中可以和其他玩家进行交流，接触到许多在现实生活中无法碰到的"奇人异事",从而增加对他人和社会的了解,锻炼自己的社会交往能力。在很多社交性的亲社会型网络游戏中,玩家可以通过团队合作来学习协作的技巧,培养团队合作意识、集体主义观念以及亲社会行为,提升共情能力并减少攻击性行为。

再次,玩家可以在游戏中体验角色扮演。很多研究都表明,适量玩网络游戏可以培养玩家的收集、整理、分析、计划、创新等方面的能力。网络游戏为玩家提供了丰富的角色扮演机会,使得玩家可以通过体验不同的游戏角色来更好地把握现实生活中的角色选择和定位。

最后,健康的游戏行为可以促进教育教学。目前,国内外已经有很多教育工作者在探讨网络游戏在教学和实践中的应用。已有结果表明,合理利用网络游戏这种寓教于乐的方式,无疑会提高学习兴趣,进而促进学业发展。

三、影响网络游戏的因素

影响网络游戏的因素,可以归纳为人口学因素、人格特征、心理需求、游戏动机等。

一是人口学因素。以往研究认为，网络游戏玩家以年轻男性为主，但调查显示网络游戏玩家的构成已经趋于多样化，年龄跨度和性别构成都发生了变化。虽然年轻男性玩网络游戏的比例仍然高于女性，但随着专门为年轻女性设计的网络游戏数量的增加，女性玩家数量在迅速增加。

二是人格特征。相比之下，内在特征（如玩家的人格和动机）可能是影响个体游戏行为的更为关键的变量。有研究表明，与非网游玩家相比，网游玩家更具有开放性、有责任心和外向性的特点，在怀疑性、世故性和实验性等三种人格特质上有显著差异。此外，偏好不同网络游戏类型的玩家具有不同的人格特征，而不同人格类型的玩家在网络游戏中也会表现出不同的行为偏好。对成瘾玩家与非成瘾玩家的比较研究也发现，成瘾玩家的自我调节、功能失调冲动和宜人性水平更低。

三是心理需求。网络游戏吸引游戏者的根本原因，是它能够满足游戏者的心理需求。玩家能在网络游戏中满足某种心理需求，也从某种程度上反映了其在现实生活中该种需求的缺失。有研究表明，玩家在网络游戏中的心理需求由现实情感的补偿与发泄、人际交往与团队归属、成就体验三个维度组成。

四是游戏动机。有学者指出，资深的网络游戏玩家通常具有很强的竞争动机，而网络游戏恰好满足了他们对于竞争的需要，因此他们会更加投入网络游戏当中去。玩家的网络游戏动机主要是体验控制感和成为英雄的快感与成就感，以及人际沟通和情感交流等。玩家在网络游戏的过程中可能受到各种内在动机和外在动机的影响，它们共同决定了网络游戏行为的启动、执行和延续。

五是游戏态度。游戏态度指玩家对网络游戏行为的积极或消极感受与体验。研究表明，玩家对游戏角色的态度在网络游戏成瘾的发生发展过程中起着重要作用。一般来说，成瘾玩家认为自己的游戏角色与众不同，更希望能在现实生活中像游戏角色那样行事。

四、对策措施

随着网络游戏产业的迅速普及和发展，一部分青少年沉迷于网络游戏，因此网络游戏被不少社会人士和家长贴上了"暴力""低俗""电子毒品"的标签，网络游戏在他们眼中属于"精神鸦片"，他们坚决反对青少年接触网络游戏。有鉴于此，我们提出了以下对策建议。

（一）完善政策法规

为引导未成年人"玩健康的游戏"和"健康地玩游戏"，2010年文化部网络游戏内容审查专家委员会联合相关机构发布了《未成年人健康参与网络游戏提示》，倡议社会各界行动起来，从主动控制青少年网络游戏时间、引导他们不参与可能花费大量时间的游戏、注意保护个人信息、不要将游戏当作精神寄托、养成积极健康的游戏心态四个方面促进未成年人健康游戏和成长。

（二）加强教育引导

其一，引导青少年充分认识网络游戏的利与弊，正确对待网络游戏，培养正确的网络游戏观念。

其二，帮助青少年提高自我管理意识，做到不玩不良网络游戏，主动控制自己的游戏行为，防止网络游戏沉迷。

其三，家校密切合作，发现有沉迷网络游戏、行为举止异常或学习成绩突然下降等状况的学生，要及时进行心理疏导和教育。

其四，组织开展形式多样的社团活动、社会实践、研学实践等，丰富学生的学习和假期生活，将学生的注意力转移到实践动手上，自觉远离网络游戏。

（三）积极预防矫治

目前，网络游戏成瘾的干预和治疗措施主要有药物治疗、心理治疗。治疗药物主要有抗抑郁药和心境稳定药，心理治疗主要包括认知行为疗法、森田疗法和家庭治疗等。此外，在具体应用领域中还经常会采用构建积极的网络活动平台、启用防沉迷系统、对网络游戏实行宵禁、使用过滤软件、生理反馈法、团体辅导法、家庭教育等多种干预措施。

随着研究的深入，学者们开始从生物—心理—社会综合模式的角度综合考察网络游戏成瘾现象，因此也有越来越多的研究者采用体育运动干预、药物治疗、心理干预相结合的综合模式来进行网络游戏成瘾的干预和矫治。

第12节 网上谣言飞，怎么去面对
——网上谣言

从某种角度上说，谣言与人类的文明相伴相生。如今，进入互联网时代，谣言更是借助网络的力量以前所未有的速度快速传播。

谣言指的是当前广泛传播的、与大众密切相关的、未经权威主体证实的事实信息。从其含义上看，首先谣言的主题能够引起大众的兴趣；其次，谣言可以被验证真伪，只是当前未经证实，随着后期信息的增多，其真伪逐渐清晰。由此可见，谣言与虚假信息和错误信息概念不同。虚假信息指的是故意传播的虚假信息，而错误信息指的是传播者并不知道自己传播的信息不正确，而谣言信息则既可能为真也可能为假。

网络谣言是借助于互联网传播的谣言，是在互联网上广泛传播的、与大众密切相关的、未经权威主体证实的事实信息。

一、网络谣言的特征与类型

网络谣言有以下几大特征：

首先，网络谣言以互联网为传播媒介。传播媒介的演变带来了人们传递信息的方式的变化，网络媒介也让网络谣言的传播呈现出新的特点。网络媒介从传统的计算机媒体（如邮件等）进化为如今的社会化媒体（如微博等），同时传播方式也从原来的链状、树状向网状转变，传播更为迅猛。

其次，网络谣言的主题与大众息息相关。网络谣言的主题具有社会性，如喝酒能杀灭新冠病毒的谣言就与大众的健康息息相关，具备广泛流传的可能。

最后，网络谣言的内容本身是当前未经证实，但是在后期是可以被验证真伪的事实信息。事实信息是客观的，可以被验证真伪；但是，与事实信息相反，观点信息则是主观的价值判断或意见表达，是难以证伪的。

网络谣言可以根据不同的标准划分为不同类型。

网络谣言可以根据语言的感情色彩将其区分为恐惧谣言和希望谣言两种。恐惧谣言即表达恐惧情绪的谣言，比如关于世界末日的谣言；希望谣言则是表达个人美好愿望的谣言。

另外一种常见的分类类型是依据网络谣言的主题，将其划分为政治谣言、健康谣言等。

还可以通过传播平台将网络谣言区分为微博谣言、微信谣言等，因为这些平台的运作方式不尽相同，所以网上谣言的传播方式有可能大相径庭。

二、网上谣言产生的影响

网络谣言的广泛传播不仅仅给个人决策造成巨大影响，而且还可能引发不理性的集体行动。

首先，从个人层面看，多次接触不实的网络信息会影响个人的判断，进而导致个人做出错误的决策。为了有效行动，我们需要获取准确而完备的信息，从而准确地理解当前的处境，并对当前的处境持有一种控制感。但是，在危机情境下，准确信息供给不充分，不实的或者未经证实的信息就会填补信息真空，焦虑且不知所措的人们可能因为没有更好的解释从而在"宁可信其有"的心理的驱动下，做出错误的行为。

其次，从社会层面看，关于族群的不实的网络谣言传播往往会引发群体冲突。

三、网上谣言传播的影响因素

网络谣言的传播受到谣言传播者和接收者的个人特征、信息内容特征以及网络平台特征等影响。

（一）个人特征

在危机情境中，个人的不安与焦虑会促使网民转发未经证实的信息，而人们的不安与焦虑源于对于当前处境的不了解，并且都渴望获取足够的信息以做出合理的决策。这时，适时出现的谣言信息就如同指南针，增进了人们对于当前处境的了解，即使这些信息未经证实，也会降低人们的焦虑与不安。

同时，信息接收者的信念也影响了人们传播网络谣言的意愿。人们往往容易相信他们所相信的，如果接收的谣言信息与自己的立场一致，人们更可能相信该信息从而再次将其传播出去。

此外，当接收到谣言信息时，信息接收者的动机会影响其再次传播的意愿。涉及公共健康方面的信息，接收者出于利他动机，更容易转发，以提醒他人注意。

（二）信息特征

网上谣言信息本身的一些特点也会影响人们传播谣言的意愿。谣言的文本信息最突出的特征就是包含煽动性的情绪信息，通常以耸人听闻的方式进行表述，达到引起接收者焦虑，为了缓解焦虑而进一步传播信息的目的。有研究者发现，在微信中传播最普遍的是涉及生命安全的公共卫生类谣言。

总体上，包含负性情绪的信息往往传播更普遍。这可能是因为负性情绪信息，尤其是风险信息与人们的生命安全息息相关，因而更容易引起人们的注意。同时，这些与生命安全相关的危险信息，迎合了人们普遍的死亡焦虑，从而引发了广泛的传播。

（三）平台特征

网络沟通平台通常指社交媒体、电子邮件、短信等。网络平台的一些特征如同步性会影响个人对于谣言信息的信任。由于人们在以往的经验中接触的信息大部分是可信的，因此当人们在接触新信息时，会根据以往的经验形成的"心理捷径"，假定信息是真实准确的，除非有足够的证据证明该信息不实。

在网络平台上，正是这种人们优先假定信息为真的倾向，凸显出平台同步性功能的重要性。如果网络沟通平台具有同步性的特征，即人们可以实时接收各种来源的信息，就可以从多方面来交叉验证信息的真假。

四、对策措施

如何阻止不实网络谣言的广泛传播呢？

首先，可以对信息接收者进行"信息接种"。在疾病预防中，给高危易感人群接种疫苗，可以构筑对抗病毒的屏障；同样，在不实信息广泛传播之前，对网民提供"接种信息"，即提前警告网民可能会接收到谣言，并给出反驳理由，从而使网民获得信息免疫能力。这样一来，网民接收到类似的谣言时就会不相信，也不会进行传播了。

其次，事后辟谣也是常见的减少谣言传播的策略。常见的辟谣策略有否认、反驳与攻击三种。对于一些说服力不太强的网络谣言信息，当事者采取"否认三连"的方式就足够有效，即"我不是—我没有—别瞎说"系列。

但是，对于一些坚信谣言内容的人来说，当事者的否认不仅不能消除怀疑，反而让人觉得当事者肯定有所隐瞒。因此，更有效的应对方式不是否认，而是运用充分的论据进行反驳。因此在打破原有谣言信息链时，也要建立新的有逻辑的信息链，这样人们才可能改变看法。

最后，另一种常见的应对方式是当事者攻击信息传播者，但是这种应对方法常常不奏效，甚至会增强人们对于不实谣言的信任。

第13节 网络上学习，能否高效率
——网上学习

网上学习已成为大众自我发展的一大潮流学习模式，利用网络开展学习和工作也越来越普遍，不管是年轻人，还是老年人，都需要或喜欢通过网络来获取、习得和掌握知识。因此，自我管理、提高效率就成了网络学习中的关键。但是，很多人都会被一个问题困扰——我该如何更加自律、高效且心无旁骛地投身网络学习呢？

由于信息技术的飞速发展，特别是多媒体技术的不断革新，"秀才不出门，能知天下事"的愿景已逐步变为现实。得益于机动、便捷、强交互性、不受时空限制、资源充足等特点，网络为快节奏生活、无固定学习时段的群体带来了革命性的新型学习手段，因此互联网已成为许多人学习的首选渠道。

然而，人们进行网上学习时，可能经历过以下一些场景：

正在学习网络直播课程时，突然收到新消息提醒，为了回复消息而耽误了几分钟，然后再也跟不上后续的课程内容；准备看一场财经报告的讲座，却被"热搜榜新闻"吸引了目光，"讲座"变成了"微博热搜"；努力搜索着想要了解的信息，但检索结果良莠不齐，完全不知道该查阅参考哪条信息……

尽管网络学习相较于传统学习而言有着许多无法比拟的优势，但学习者也容易出现诸如注意力不集中、时间管理能力差、有效资源获取能力弱等问题，这些都属于网络学习障碍。

一、网络学习障碍的类型

网络学习障碍，通常指利用网络进行学习时所产生的阻滞和问题，包括以下基本类型。

一是注意力容易分散。据调查显示，年轻人是网络学习的主要人群，尤其是"90后""00后"，他们被称为互联网的"原住民"。这个群体是伴随互联网崛起而成长起来的一代人，他们也因此对各种网络现象更加敏锐，对网络信息更加好奇，即便仅有"一条新信息"的轻微刺激，也可能导致他们专注力分散。

二是学习动机不明晰。有些网络学习者因自身的学习动机、目标不清晰而只能盲目学习，于是在遭遇挫折时就很难完成学习任务。面对艰巨的任务，他们往往退缩不前，缺乏持之以恒的学习驱动力。

三是学习的依赖性强。基于传统学习观念的制约，学习者无法充分利用便捷的网络沟通方式，也不擅长在网络学习中与教师和其他同学进行对话与互动；在解决学习困惑方面仍然存有依赖性和被动接受心理，这容易导致他们忽视学习中的问题，进而影响学习的成效。

四是有效资源获取能力弱。对于网络中卷帙浩繁的资源与讯息，学习者往往会无所适从，信息分类、知识管理的能力不足，导致他们不仅不能高效利用所得资源，而且难辨所获信息的真伪，错综复杂的知识资源反而对他们的网络学习产生了负面影响。

五是软件环境不理想。目前网络上的学习平台形形色色，功能参差不齐，有的学习平台限制过多，门槛较高，消费较大；有的学习平台流于形式，只为博取流量，缺少实质性内容。因此，虽然网络学习的教程日趋增多和丰富，但仍不能满足学习者的需求。

二、网络学习障碍的影响因素

造成网络学习障碍的影响因素多种多样，可能是学习者自身的原因，可能是教学人员和课程本身的原因，还可能是网络学习平台机制的原因。但不管是什么原因，都会严重制约学习者的学习进度和效果。在此，针对学习者自身，我们分析了一些可能造成网络学习障碍的因素。

（一）自我监控问题

网络学习的基本要求之一是"自我监控"，即学习者在学习时监控自己的课程进度、流程、课程内容以及反馈。互联网能够满足学习者选择学习内容和路径、支配学习时间的需要，增添互动学习与个性化学习的契机，强化成就感，并通过学习者对所学内容与顺序的自我监控来提升学习效率。

在长期的自觉学习过程中，学习者要做到良好的自我监控并不容易。相较于传统学习模式，在网络学习中学习者的自控能力更弱，且更容易注意力分散，尤其当他们对学习任务兴味索然时，往往会把注意力转移到与学习内容无关的其他材料或网页。与朋友闲聊，左顾右盼，或索性停止学习转而浏览其他网站等情况在网络学习者身上也屡见不鲜。另外，网络学习情境由于缺少教师面对面的教授与指导，很可能导致学习者变得漫无目的。

（二）网络迷失问题

学习者在面对网上丰富的讯息和资源时，迷失方向、毫无头绪的体验被称为"网络迷失"。具体表现包括：面对网络一筹莫展，不清楚从何下手，更不明白从哪里找到自己所需的讯息，抑或对信息的鉴别水平较低，使用的信息过期或无效。

由于不计其数的信息和链接结构形态的冗余，学习者很容易在错综复杂的知识网络中迷失方向，从而不得不花费更多时间学习，这又会导致学习者在网络学习中受挫。网络迷失容易致使学习者耗费其有限的专注力资源，严重拉低学习效果，诱发认知超载等问题。

（三）认知超载问题

在学习过程中，问题解决与各种认知处理活动均会耗费认知资源，但学习者的工作记忆能力有限，倘若全部活动所需要的资源总量超出了其所具备的资源总量，就会引发资源的分配亏欠，进而减低个体学习或解决问题的效能，这种情况通常称为"认知超载"。

虽然认知超载的问题并非网络学习所独有，但相较于传统学习方式，该问题在其网络学习中尤为突出。这是因为在网络学习中，学习者面对的信息量远远大于传统教学中的信息量，如果过于强调自主学习，学习者很容易由于认知负担过重而引发信息焦虑。再者，因为学习者在每个学习阶段都需要自己做出"想学什么""去哪里学"的决断，所以他们必须在学习过程中花费大量精力，而这也会导致认知超载。

（四）其他问题

人是社会性动物，学习同样是社会化的。网络学习者长期处于与他人时空隔离的状态，一旦他们遇到无法解决的难题，而来自教师以及同伴的关切、反馈和参考信息不足，他们往往就会出现焦躁感和厌学情绪。此类情绪若不能得到有效缓解和释放，就必然会对学习者的学习成效产生负面影响。

另外，无论是欠缺相应的网络学习技能以及相关学习经验，还是缺乏必需的操作技术训练，都会对网络学习的效果产生不利影响。

三、网络学习障碍的解决对策

如前文所述，网络学习障碍是一个受众多要素制约的复杂难题。探索一个在学习者个体、认知和外界环境之间的平衡，是减轻网络学习障碍的有效方法之一。个体在进行网络学习活动时，需依据自身的情况，具体问题具体分析，有针对性地采取恰当的措施和策略。

（一）让计划走在最前面——磨刀不误砍柴工

每天花 5 分钟列出当天需要在网络上学习的内容和时间的安排，可以不必过于精确，但一定要符合实际情况，如"今天上午要学习两节 45 分钟的数学课，下午要听一场 1 小时的知识讲座"等。计划对于自主学习的学习者显得尤为重要。它不仅能让学习者明确今天需要学什么，减少网络学习的盲目性，还能提高他们组织管理时间的能力，提升网络学习的效率。

（二）创设单纯的学习环境——眼不见，心不烦

在准备进行网上学习前，收起会使自己分心的东西，如手机、零食等，并将电脑端其他无关学习的网页和通信工具关闭，给自己制造一个单纯的学习环境。如果用手机进行学习，也是使用相同的方法，从后台关闭无关学习的 App。这样一来，就可以大幅减少分心的频率，增强学习的参与感。

（三）建立网络学习共同体——"有福同享，有难同当"

教师的关注与同伴的支持在个体网络学习的过程中不可

或缺，利用网络学习平台交互的特性，学习者可以与教师实时或延时互动，并找到上同一课程的同伴来彼此监督、分享学习经验与感悟。此外，构建一个与自身关系紧密的学习共同体，能减轻学习者的孤独感，并增强他们的集体归属感，使得学习更具活力。

（四）强化训练和学习素养——"千锤百炼出深山"

学习者努力提升自身的学习技能和素养是有效进行网络学习的关键。学习者可在闲暇之时，做一些有助于注意力集中的训练来提高自控力。此外，网络学习离不开智能设备的使用，学会一些基本的计算机软件、手机 App 的操作和技巧，能让学习者在网络学习时更加游刃有余。

第14节 网络上办公，能否行得通
——网上办公

近年来，远程办公（也称网上办公）逐渐成为一种趋势。远程办公是指在正常工作时间内、传统工作场所外，借助科技手段进行互动，完成工作。一些研究也曾用"远程工作""分布式工作""灵活工作"等词语来描述远程办公。具体来说，远程工作指员工在传统工作场所之外基于计算机的支持展开工作；分布式工作指不同地区的员工在计算机支持下完成共同的工作目标；灵活工作指在传统的工作场所和工作时间之外工作。

一、远程办公的特点

远程办公的形式多种多样，主要包括在家网络办公、卫星办公室（远离企业主要营业场所的独立部门）、远程工作中心（多家企业共同使用一个工作场所）等。区别于传统办公，远程办公具有以下几个鲜明特点。

一是工作场所的改变。远程办公的地点通常距离单位的主要工作场所较远，如员工的家里、机场、酒店等。

二是沟通方式的改变。远程办公中，人们通常借助电子通信设备和科技产品进行交流互动，如计算机、手机等。

三是灵活性的提升。远程办公的工作目标是完成单位安排的任务，但是个人在时间和空间的安排上可以更加灵活和自主。例如，员工可以把本该在工作日白天进行的工作安排到晚间或周末完成。

四是替代性的形式。远程办公对于传统的办公形式是一种替代，而不是延展或补充。员工在集中办公的地点工作一整天后，又把工作带回家继续做，这其实属于加班，而非远程办公，只有员工用在其他时间、地点完成的工作来替代原有工作日内、工作场所中完成的工作，才可称为远程办公。

二、远程办公产生的影响

关于远程办公的心理学研究主要分析了个人进行远程办公后所产生的影响。

（一）对个人的影响

员工可能从工作的角度出发选择远程办公，例如为了排除干扰专心工作、逃避复杂的人际关系或办公室政治等；也可能出于个人的考虑，例如为了平衡自己的工作和生活。

心理学家对相关研究进行综合分析后发现，当远程办公达到一定强度（例如，每周两天半），可以减轻工作对家庭生活可能产生的负面影响。但是，如果远程办公的强度继续增加，就有可能大量增加家庭生活给工作带来的干扰。同时，如果在家中进行长期、持续的远程工作，可能令员工感到工作和家庭之间的界限变得模糊，并让其产生与同事、上级甚至与社会隔离的感觉。

（二）对组织的影响

不同于传统的集中式办公，远程办公不再强调面对面的工作交互，这种办公方式较大地改变了组织内的沟通、人际交往、知识分享等的形式，但总体的影响是有利于推进工作的。例如，员工能够在远程办公时感受到自己对工作的时间、地点、完成形式等有更多的控制，进而降低工作带来的精神压力，提高工作满意度，这对于组织目标来说是十分积极的。

心理学家对相关研究进行综合分析后发现，远程办公还有可能令员工更加认同组织的目标与组织价值观，同时促进员工履行组织承诺，并能吸引、招揽更多的青年才俊。但是，远程办公也有可能削弱工作的某些核心特征，比如，不利于员工认识到自己的工作会在多大程度上影响其他人，也往往令员工难以及时明确地了解自己工作的绩效和效率。

（三）对社会的影响

事实上，由于能够减少通勤，远程办公也不失为一种缓解交通拥堵和保护环境的手段。一方面，对于经济发展水平较高的城市，远程办公有助于控制早晚高峰出行的车辆和人员数量、降低道路交通负担；也可通过降低交通流量减少碳排放和空气污染；还可减少如水电等可再生资源以及办公空间和物业管理这类行政资源的消耗。

另一方面，远程办公为无法到传统办公地点参与集中办公的人员提供了工作机会。在极端天气、传染病暴发、紧急事件发生时，远程办公还为政府和企业的正常运作提供了重要途径。例如，1889年美国旧金山发生大地震时，交通被切断，当地许多公司因此设立了远程工作的政策和相关安排。

三、远程办公的影响因素

远程办公会在许多因素的作用下导致工作开展及办公有效性受到影响，这些因素包括：个体特征、工作性质、管理方式、技术手段、法律法规等。

（一）个人特质

每个人在家专注办公的能力不同，因此并非所有人都适合进行远程办公。例如，具备较强的规划能力或自控能力的个体往往能够高度集中注意力、专心地进行远程办公；容易拖延的人，进行远程办公则可能对其工作效率产生负面影响。

（二）工作性质

当然，也并非所有类型的工作均适合远程办公。当个人的工作量可以得到较明确的量化时，远程办公较为合适。特别是那些可以携带，并能通过计算机完成的工作，更是远程工作的理想类型。这类工作涵盖了信息技术产业、金融保险行业、各类服务业，以及部分管理岗位、科研岗位等。

（三）管理方式

对于组织领导而言，管理分散在不同地理位置的团队具有很高的挑战性。基层领导可能担心无法直接接触下属而不便管理，所以不愿让下属在家远程办公。因此，领导的支持和有效的管理技巧对于远程办公的成功运行十分关键。

（四）技术手段

必要的技术支持对于提高远程办公效率非常重要。如果通过电子邮件或文字信息进行交流，很难传递面部表情、身体姿态等社会线索；而视频工具能够模拟面对面的交流进而传达丰富的社会线索，对提高网络远程效率会有积极的作用。但是，采用视频工具进行交流时，人们往往倾向于看着屏幕上的对方，而不是看自己的摄像头，因此，交流的双方仍然缺乏"眼对眼"的交流，这让彼此之间的沟通显得不太自然。

（五）法律法规

远程办公的实施也受到相关法律和行政法规的影响。国内有专家认为，远程办公是一种新型的劳动力供给形式，其与传统的劳动关系存在显著的差异，这种差别使得劳动法的适用和法律解释变得更加复杂与困难。在现有劳动法框架内，法律赋予远程工作劳动者自由选择工作地点，以及在劳动合同确认的工作时间总额内灵活安排时间的权利。

四、对策措施

（一）创造良好的工作环境

如果期望能够在家中进行远程办公，个体应努力划分出工作与家庭生活之间的边界，无论是空间还是时间维度上的边界都应明晰。有学者建议，可以在家中专门划出一块办公空间，在时间表中专门划出时间段用于远程办公，并与家庭成员约定尽量避免在自己工作时打扰。同时，个人也应注意控制技术设备的使用时间，以保持正常的日常生活节奏。

（二）提高规划和管理能力

对于企事业单位来说，管理人员应当意识到，无论是员工制订工作计划的能力还是自身的管理技能，都是可以通过培训来增强的。在客观条件允许时安排相应的员工进行培训，可以提高员工远程办公的效率；也可对各层级的领导展开培训，提升其对远程工作团队的管理技能。

（三）完善和提高技术手段

　　远程办公软件的开发者应注重提高软件给用户带来的沉浸感，并通过高质量的视频、音频、内容或资源的共享功能向用户提供丰富的社会线索，促进用户持续地使用软件。远程办公软件也可提供一些功能，模拟集中办公时同事之间的非正式交流。如果将虚拟现实技术融合进远程办公软件中，也能让用户在家中体验到办公室环境，从而缓解社会隔离的感觉。

（四）完善相关法律法规

　　随着远程办公逐渐成为常态，制定相应的法律或行政法规以清晰界定其概念及明确雇主与雇员间的权利和责任变得格外关键。

　　总之，考虑到远程办公的即时性和低成本，这种办公形式可能会成为未来人们的一种主要工作模式，其发展潜力巨大，对个体的工作和生活都会产生深远的影响。

第15节　网上买东西，口碑保护你
——网上购物

　　1998年3月18日，中国第一笔网上电子交易达成。时至今日，网上购物已经成了许多人的重要消费习惯。那么，在网上购物的过程中如何获取产品相关信息以降低购物的不确定性，避免买到自己不满意的商品呢？这当中值得注意的是网上购物中的口碑效应。

一、网络购物的口碑效应

　　在网络购物环境下，消费者一般会积极搜索与产品相关的信息以降低购物过程中的不确定性，而互联网的迅猛发展使消费者之间的人际互动变得更加便捷，一方面，消费者可以通过多种渠道进行产品推介或经验分享，从而使网络购物人际影响的发生变得更加容易。另一方面，网络购物过程中，广告影响力已经变得微乎其微，而消费者之间的口碑影响力则是越来越大。

"网络口碑"是指消费者在互联网上发布的关于企业、产品或服务的正性或负性评价。

线下口碑仅仅发生在由熟人构成的社会网络关系中，网络口碑则具有更为强大的营销价值，下面以国产品牌"小米"的营销为例，小米较少采用传统营销方式（如央视广告、明星代言等），但短短 5 年内依靠互联网的口碑传播在中国手机品牌中占据一席之地。

以产品评价、信息反馈等形式出现的网络口碑可以反映商家的信誉，从而弥补消费者与商家之间的信息不对称。

二、网络购物口碑效应的传播

研究者提出，网络口碑影响力的发生主要受信息源特性、接收者特性和信息本身特性三个方面因素的影响（见图 15-1）。这与传统口碑"一对一"结构关系有一定的对应性。

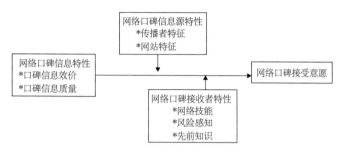

图 15-1 人际水平上的信息传播机制

（一）信息源特性

信息源特性主要涉及传播者特性，从传播者特性来看，影响传播者说服效力的因素主要包括传播者身份的公开程度、传播者专业性、传播者声誉。

首先，传播者身份的公开程度可以提升消费者信任水平。评论者背景信息（如照片、姓名、年龄、性别以及地理位置等）的呈现将会促进信息接收，因为在网络环境下，信息搜寻者通过寻求社会线索可以降低其不确定感。

其次，传播者专业性有利于增强信息传播的可信度，从而增加说服效力。较为专业的传播者一般拥有较多品牌知识和消费体验，能够在互联网平台上对产品进行更为专业的评论，口碑推荐也因此更具影响效力。

最后，传播者信誉度表现为其他人的认同程度。研究者以某网站为例发现，传播者的朋友数量将影响其他消费者对网络口碑的接受。

（二）网络口碑信息特性

网络口碑信息特性一般主要涉及口碑信息的效价和质量。

首先，口碑信息效价。口碑信息的效价包括正性与负性，其中负性口碑推荐比正性口碑的人际影响力更大，消费者一般会表现出对负性评价的偏好。心理学相关研究发现，在收益和损失等同的情况下，人们对损失表现会更为敏感，所以，负面网络口碑信息往往被消费者认为更有参考价值，而当接收到正性的网络口碑时，消费者并不会简单地据此认为产品性价比高。

相关研究发现，五星级的评论能够有效地提高图书销量，一星级评论则会明显降低图书销量，且一星级评论对销量所产生的负面影响效果要大于五星级评论，同时，一项针对网络游戏产品的研究也发现消极评价会产生更大的人际影响力。

其次，口碑信息质量。高质量信息是对产品功能或使用经验进行了较为详细、客观的介绍；低质量信息则是简单的评价。信息质量是影响网络传播效果的重要因素。

有研究发现，在线评论者发布的产品评价能够帮助消费者实施消费决策，但要受制于网络口碑信息内容评价的无偏见性、深度以及强度，而这些因素均影响网络口碑信息质量。

最后，评价字数也影响接受者对网络口碑信息效用的知觉，因为接受者通过评论字数可以间接推测评论者的真诚度。然而，由于缺乏有效的监管和控制手段，很多在线评论存在着文本直接复制、无用评论等情况，相关利益群体也可利用网络平台发布大量虚假评论，从而降低了网络口碑的信息质量。

（三）接收者特性

接收者特性主要涉及接收者的网络技能、风险感知和先前知识。

首先，网络技能。受众网络技能主要包括技术能力、搜寻能力以及信息加工能力等。网络技术能力是指使用网络技术的熟练程度，消费者网络技术越熟练，就越倾向于使用网络口碑信息作为消费决策的参考依据。搜寻能力是指如何搜索、在哪里搜索，它与消费者互联网使用经验紧密相关，搜索能力越强对网络口碑的依赖性越强，并且信息搜索成本的降低可以有效提升网络口碑的人际影响力。信息加工能力与口碑影响力关系极为紧密，它反映了消费者的信息判断能力，信息判断能力越强对网络口碑的信任度就会越低，因为他们知道在互联网上信息质量差异性较大、任何人都可以传递信息。

其次，风险感知。风险感知是消费者对各种损失产生的心理预期，包括决策结果的不确定性以及决策错误的后果严重性。消费者感知到的风险越高，那么对网络口碑的搜索动机就会变得越强。目前，网上购物已经变得非常流行，鉴于网络的虚拟性和不可触摸性，消费者对商品信息可靠性、支付安全性、隐私信息保护等方面难以产生较高的信任，因此，消费者网上购物所感知到的风险比线下购物更高。所以，网络口碑对网上购物具有更为显著的影响力，无论是对商家还是对普通消费者。

最后，消费者知识。消费者知识越少越依赖于网络口碑，反之，消费者知识越多就会越依赖个人判断进行决策，在网上搜索商品信息的主动性也会相应减弱。消费者知识多寡对网络口碑的加工方式选择也有影响，消费者专业知识较多时会采用"中心路径加工"（采用理性思维，关注信息内容本身，如评论内容的逻辑性）；专业知识较少时则倾向于采用"边缘路径加工"（采用感性思维，容易受信息内容之外因素的影响，如评论的数量），在线评论的数量常作为一种启发式策略（边缘路径）被知识较少的消费者用来评价产品质量。

三、网络口碑的使用策略

鉴于网络口碑对消费者购物的巨大影响力，电商日益重视消费者的社会关系、所属群体在营销中的作用，也就是通过与消费者建立良好的情感关系而非纯粹的交易关系，从而让消费者进一步去影响其他消费者。

电商一般会通过提供各种类型的奖励措施，以驱动消费者在网络上向其他消费者进行产品推荐。比如，在给予一定的物质奖励前提下，要求消费者发送链接邀请自己的好友进行注册或购买，或者在社交网站发布产品相关信息吸引新的消费者，并要承诺一定的浏览量、一定的回复数等。

所以，网络口碑虽然可以提供购物参考，但并非完全可信。为安全购物，消费者应从以下三个方面考察电商信誉。

第一，消费者评价系统。它是对卖家交易表现通过不同等级的星级，以表示该卖家在相对应的标准上（如产品描述、服务）表现如何，是高于还是低于平均水平。

第二，第三方担保。第三方是指独立于交易双方的第三方，且具备一定实力和信誉（如淘宝网、亚马逊、当当网等），它能调解买家与卖家之间的交易冲突，以保护交易在网络环境下正常进行，从而让消费者在网络购物中感到更安全。

第三，商家保证。目前，网店都在使用自我报告的方式来担保自己符合商业标准，比如包括7天无理由退货政策、隐私保护政策等。

这三类机制可以提升对网络卖家的信任，是影响消费者价值感知的先决条件之一。

第16节　难解坏心情，网上可咨询
——网上心理咨询

当代人面临的压力越来越大，对心理咨询的需求也越来越大。传统的面对面的心理咨询受时间、空间的限制，无法很好地进行，而网络心理咨询无疑解决了这一问题。它利用了网络的便利性，打破时间、空间的束缚，只要你愿意，可以随时随地上网进行心理咨询，因此网络心理咨询越来越受到人们的欢迎。

一、网上心理咨询的类型与特点

（一）网上心理咨询的类型

网上心理咨询指依托互联网为媒介，利用电脑或手机进行心理咨询。网络咨询分为即时的和非即时的，即时指在借助社交平台，如QQ、微信、聊天室等在同一时间进行交流互动；非即时的具有时间滞后性，如通过电子邮件、文字留言或在论坛发帖等方式进行咨询。无论以何种方式进行，网络咨询都必须以心理咨询技术为基础，咨询师通过文本、语音、视频等方式与求助者进行互动，为其提供帮助。以下是网络心理咨询的几种常见形式。

1. 电子邮件咨询

电子邮件咨询提供了一种便捷的对话方式，求助者将心理困扰以电子文本的形式发送给心理咨询师，心理咨询师针对求助者的问题，在限定时间内进行答疑解惑。

电子邮件咨询的优点是咨询师有充足的时间思考，给出更详细和更有针对性的解答。缺陷是不能及时回复，速度比较慢，对于不能熟练操作计算机或智能手机的人群难度较大。

2. 网上团体咨询

网上团体咨询是以咨询师为领导者，其他成员通过视频或者聊天室进行信息交流的心理咨询。网络团体咨询的优势在于它可以将来自不同地域的个体聚集在一起分享经验。同时，它也存在缺点，由于网络的匿名性和随意性，成员间容易产生误解或互动消极；网络的突然中断，也会影响咨询的连贯性，让求助者感到挫败。因此网络团体咨询需要由有一定经验的专业心理健康辅导人员来引领。

网络团体咨询还有一个特殊形式——在线家庭治疗。家庭成员由于地理位置等问题不方便面询时，可通过在网上实现在线治疗，在线家庭治疗可作为面询的辅助治疗。

3. 网上支持团体

网上支持团体在特定的时间，将不同地区的人联络在一起交流、交换意见。在网上支持团体中有咨询师或专业的指导人员对其他成员进行帮助、引导，让成员更好地应对困境。各类网上支持团体涉及的问题种类丰富。

4. 网上心理健康信息资源

网上心理健康信息资源包括电子心理健康手册，通过电话等方式给求助者提供各种信息和转介服务，也包括网上人们互相交流的一些心理健康问题方面的信息，以及非专业人士提供的信息等。

随着网络的普及，大众逐渐习惯于从网上获取有关心理健康的信息。求助者应注意评估网络信息的质量，选择可靠有效的信息资源。

5. 线上服务平台

随着网络的服务功能的不断完善，人们可以通过线上聊天、阅读公众号文章、上网络分享课等方式获得更多的帮助。

（二）网上心理咨询的特点

网上心理咨询以网络为媒介，以心理学理论与方法为基础，为求助者提供帮助，有着传统心理咨询没有的优势，但其劣势也十分明显。

1. 网上心理咨询的优势

网上心理咨询方便快捷，我们无论身处何地，只要有一台可以上网的设备，就可以寻求心理专家帮助。

网络匿名性的特点可以使沟通更直接、更放松，适合于不善于坦露个人隐私或敏感性问题的求助者。

聊天记录可以帮助咨询师进行回顾，再次分析，同时在咨询结束后，来访者也可以通过重温聊天记录来强化巩固咨询效果，对问题进行重复的思考和消化。

2. 网上心理咨询的劣势

网上心理咨询会有一些与面对面咨询不同的问题。相比于面对面咨询，网络咨询不利于获取咨询双方全面的、真实的信息；不同的文字表达风格及网络用语的运用可能会造成理解上的困难；网上咨询的双方都易受到外界干扰出现分心的情况；同时，受到网络信号、打字速度的影响，容易出现咨访双方回复不及时的情况。因此，在咨询开始前，咨询师要主动与来访者进行沟通和解决这些问题。

二、网上心理咨询的过程、技术和疗效

（一）网上心理咨询的过程和技术

网上心理咨询过程分为四个阶段，即初始阶段、过渡阶段、工作阶段和结束阶段。

初始阶段包括首次咨询以及建立咨询关系；过渡阶段主要的任务是推进咨询进程以及确立咨询目标；工作阶段咨访双方围绕目标共同协作；当咨询目标达成，咨询便可以转向结束阶段。

无论是面对面心理咨询还是网上心理咨询，来访者求助的问题没有明显区别，因此心理咨询师所使用的专业技术也

是相通的。但网上心理咨询对咨询师的要求更高，需要咨询师具备足够多的经验来应对这种形式导致的重要信息缺失，比如来访者的语气、表情等。

（二）网上心理咨询的疗效

随着网上心理咨询的普及，人们对其疗效越来越关注。已经有研究表明，对于有焦虑或抑郁问题的来访者，网上咨询是有效的。

近期研究表明，网上心理咨询对焦虑症有效，并且治疗效果较持久。对于抑郁症，网上心理咨询和面对面治疗同样有效。同时，对于抑郁症、惊恐障碍、社交焦虑障碍和广泛性焦虑障碍等，网上心理咨询是"有效的、可接受的、实用的医疗保健"。

研究表明，对于患有孤独症、某类特殊物体恐惧或创伤后应激障碍等疾病的求助者，以及受进食障碍、躯体形象或情绪问题等困扰而不便面询的求助者，网上心理咨询也具有很好的疗效。

当然，网上心理咨询的效果也因求助者的人口学特征、外部特征、心理问题类型、治疗方法和治疗活动与求助者相互作用的多少而不同。

总而言之，在网上心理咨询的效果是持久的，并不随着治疗过程的结束而减少。基于研究我们也更加确信网上心理咨询可以有效用于治疗广泛的心理问题。

三、网上心理咨询的伦理问题

网上心理咨询的伦理，是指网上心理咨询师应该遵守的道德规范和行为准则。严格遵守网上心理咨询伦理一方面可以维护来访者的权益，另一方面使网上心理咨询师在遇到两难情境时有章可依，同时还可以规范网上心理咨询师的行为。所以，网上心理咨询伦理建设有其必要性。

从我国发展现状出发，在美国注册咨询师委员会（NBCC）所制定的网上心理咨询伦理 13 条守则的基础上，总结出了以下伦理要求。

1. 告知求助者咨询的优势与局限性；

2. 确认身份；

3. 告知求助者相关保密性原则；

4. 明确求助者的知情同意权；

5. 网络心理咨询师应该具备专业知识和技能；

6. 网上心理咨询师初诊访谈；

7. 明确网上心理咨询简介与收费标准。

健康上网

第 17 节　网络中沉浸，小心别成瘾
——网络成瘾

　　网络——继报纸、广播、电视之后的第四大媒体，正以前所未有的速度迅猛发展。我们的生活似乎已经离不开网络。那么，我们是否网络成瘾了呢？

　　想要科学地回答这个问题，首先就要了解什么是网络成瘾。网络成瘾指在个体在无成瘾物质条件下网络使用冲动的失控行为，主要表现为过度和不当使用互联网而导致人们的社会性、心理功能受到明显损害。它至少包括两个方面的内涵：一是个体无法控制自己的网络使用行为；二是个体的日常功能因此而受损。

　　因此，仅仅是长时间使用网络，并不能说明我们已经对网络成瘾，但当我们无法自控，并且因上网而受到心理、生理等方面的损害时，我们就要警惕自己是否网络成瘾了。

一、网络成瘾的危害

有人将网络成瘾看作洪水猛兽，谈之色变，究其原因，是网络成瘾会对个体身心的日常功能造成损害，包括对人们的身体和心理健康、工作学业表现和社会功能等产生影响等。

首先，身心健康方面。沉迷于网络往往会导致或加重人们的抑郁、焦虑等心理问题，认知能力和自控能力也会受损，甚至还会影响到人格发展。同时，长时间使用网络还会导致视力下降、身体酸痛、恶心厌食、睡眠障碍等生理不适。

其次，工作和学业表现方面。网络成瘾的特征之一就是无法自控地使用网络，在网络上耗费大量的时间和精力，无法正常工作、学习，丧失现实生活中的目标和动力，导致职业发展停滞和学业成绩下降。

最后，社会功能方面。网络成瘾者迷恋、依赖网络，无法适应脱离网络的生活，模糊了现实和网络的边界，导致现实情境下的道德意识和责任感丧失。同时，长时间沉迷网络，与现实世界脱节，缺乏面对面的社交，会影响人际交往能力，严重危及家庭、社会关系等。

二、网络成瘾的影响因素

网络成瘾的影响因素是多方面的，具体来说大致可以归为三类：互联网使用的特点、外因及环境因素、上网者的个人因素。

（一）互联网使用的特点

以网络为媒介的交流本身就具有交互性、隐藏性、范围广、语言书面化、多对多等特点。同时，在网络的虚拟环境中，个体的身份是虚拟的、想象的、多样的，并且具有一定的自由度。因此，与现实生活相比，网络空间中道德准则和社会规范的约束力较弱，甚至失效，从而使得有异于现实社会的行为成为可能。研究者也发现，对网络用户而言，网络中的去抑制性、匿名性、对信息的掌控感等都是他们在网上自我感觉良好，并可能导致网络成瘾的因素。

（二）环境因素

一是家庭因素。其中主要包括父母教养方式、家庭功能和家庭关系、亲子沟通等。首先，教养方式在网络成瘾的发展中起着重要的作用，过度参与、过分保护、拒绝否认、情感温暖程度低等不良的养育方式会增加青少年网络成瘾的风险。其次，在青少年感受到缺乏家庭功能时，会更倾向于通过网络建立关系，因此具有更高的成瘾倾向。最后，良好的亲子沟通是网络成瘾的重要保护性因素。良好的沟通与和谐的亲子关系，能够满足青少年的情感和社交需求，减少其上网的动机，进而有效避免网络成瘾。

二是社会支持。研究发现，网络依赖性越高的个体，其在线孤独感和离线社会支持更低，相反，网络依赖性越低，离线孤独感和在线社会支持却会更高。这可能是由于个体在离线生活中缺乏社会支持，因而更倾向于从网络中获取暂时的满足造成的。同时，研究发现，相对于低成瘾倾向的个体，具有高成瘾倾向的个体客观获得和主观感受到的社会支持都更低。

（三）个体因素

导致网络成瘾的个体因素主要包括个体的人格特征、心理动力、认知因素和生理因素四个方面。

第一，人格特征。多数研究都发现，不同的人格特征的个体对网络成瘾的易感性不同，具有高冲动性、高焦虑性、高孤独倾向、低自律性等人格特征的个体会更容易网络成瘾。此外，不同的人格特征还会影响个体具体的网络使用偏好。

第二，心理动力。网络成瘾者的某些心理需求往往在现实生活中未能得到满足，比如归属的需要、尊重的需要、成就的需要等，导致个体转向互联网寻求替代性满足。同时，在现实生活中心理需求缺失越多，感受到网络对其满足越多的个体，越容易网络成瘾。

第三，认知因素。有研究者认为，互联网使用是一种社会认知过程，个体可以通过自省来调整自己的网络使用行为。因此，网络使用过程中自我调节能力的缺失被认为是导致网络成瘾的关键认知因素，主要表现为个体无法有效地管理使用网络的时间，即使他们意识到自己花费了太多的时间上网，但仍缺乏自我监控，难以及时进行调整。

第四，生理因素。有研究者在总结相关研究后发现，相比于正常人，网络成瘾者的大脑主要在以下四个方面存在异常。第一，网络成瘾者负责冲动控制的额叶和扣带回多部位的结构和功能异于常人，主要表现在额叶皮层灰质体积较小以及白质密度较低，导致其难以抑制对上网的冲动。第二，网络成瘾者的海马功能存在障碍，导致其认知功能，尤其是工作记忆的能力下降。第三，网络成瘾者的奖赏中枢存在活性更强的反应，可能与网络使用持续导致多巴胺的释放有关。第四，成瘾者内囊后肢的神经纤维结构更加紧密、功能增强，可能与其长时间做手指精细运动有关，比如兴奋性操作键盘、鼠标或游戏手柄等。

三、网络成瘾的干预

心理学对于网络成瘾的干预，从形式上来说，可以分为个体干预、团体干预和家庭干预等，而从内容上说，则主要有以下几种。

（一）认知疗法

认知疗法已被广泛应用在网络成瘾的临床治疗中，是治疗网络成瘾的主要方法。它的基本理论是，认知会影响情绪和行为，因此就要重点改变网络成瘾者不合理的看法和态度，帮助其重新构建认知结构，从而治疗其存在的心理问题，进而改善其行为、情绪等外在的表现。以下是认知疗法应用在网络成瘾领域的三种具体方法。

其一，代替疗法。非数字爱好能够降低网络成瘾的风险。因此，网络成瘾者可以在生活中培养多方面的现实爱好，来替代互联网的使用，比如运动、唱歌、绘画等，从而增强现实生活的满意度，减轻压力，丰富自己的精神生活，减少对网络的依赖。

其二，自我提醒法。将网络成瘾的坏处按照轻重程度列在一张纸上，每天默念或大声念出 10—20 次，也可以将其贴在任何显眼的地方提醒自己，纠正自己关于上网的不合理信念。

其三，自我辩论法。自己与自己进行辩论，分别阐述上网能带给自己的快感以及网络成瘾后的种种消极后果，自己说服自己，增强戒掉网瘾的动机。

（二）内观—认知疗法

内观—认知疗法结合了内观疗法和认知疗法，其重点在于通过调动网络成瘾者情感因素，进而改变其自我中心主义意识，从而对非理性认知进行觉察和矫正。应用在网络成瘾治疗中，成瘾者可以尝试回忆过去亲近的人给予自己的关心和照顾，以及由于自己网络成瘾对他们造成的伤害等，调动被爱感、安全感、羞耻感等，在此基础上打破自我中心的认知立场，激发其责任感和报恩的义务感。此时再加入认知疗法，修正其非理性认知，使其更加客观全面地看待自己的网络使用行为。

（三）行为疗法

行为疗法强调条件化刺激和反应的连结，从而影响个体的后续行为，既可以强化、改变某种行为，也可以使某种行为消退。以下是行为疗法在网络成瘾领域具体应用的方法。

其一，强化法。成瘾者进行自我奖励或自我惩罚，为自己每天的网络使用行为设定相应的奖励和惩罚机制。要注意的是，最好不要将使用网络作为奖励或惩罚。

其二，厌恶疗法。可以使用物理疼痛（如弹手腕上的粗皮筋）作为网络成瘾的负面刺激。当有上网的冲动时，通过弹皮筋抽打自己，建立网络使用与疼痛体验之间的联系，以此减少或者抑制上网的冲动。

（四）家庭治疗法

家庭治疗法是以家庭为对象实施的干预方法，既是一种并列于个体干预和团体干预的干预取向，也是一种聚焦家庭系统和结构的干预方法，它的核心观点是个体的改变依赖于家庭整体的改变。

在网络成瘾领域中的应用中，家庭治疗法主要通过调动家庭的力量来帮助网瘾者摆脱网络，如创建和谐的家庭关系，建立尊重、合理的家庭公约，与成瘾者进行真诚的沟通，提供爱与支持，帮助其进行行为控制，等等。研究表明这些方法对网络成瘾均具有良好的治疗效果。

第18节　上网时间长，怎么保健康
——上网与身心健康

当代人对计算机、手机、平板电脑等电子设备的依赖性体现得更加明显。科学技术的发展虽然对人们的生活有着诸多积极作用，但是也会给人们的身心健康带来一些负面影响。

一、上网对身体健康的影响

互联网为我们提供了获取信息的现代技术和新的交流方式，已经成为我们生活的一部分。健康的互联网使用应该是在合理的时间内使用互联网以达到特定的目的；然而，不适当的互联网使用可能导致一些健康问题，扰乱社交活动。

（一）上网与睡眠质量

睡眠在人体生理活动中有着举足轻重的作用，身心健康的重要指标之一便是睡眠质量的高低。睡眠不仅有助于缓解内心的焦虑和压力，而且对心理机能有调节作用，能有效提高人体对抗外界环境的免疫力。

而过度使用网络不仅会对健康产生直接不良后果，而且还会通过睡眠剥夺间接地对健康产生负面影响。如果我们的卧室里没有网络、手机或电视，睡眠时间会相对较多，从而减少疲劳；如果在卧室里过度使用手机等移动设备，不仅会影响我们的注意力、记忆力等，还会带来更为严重的后果，例如头昏、头疼和失眠等。

过度使用移动设备，会导致睡眠障碍。首先，高频率地使用移动设备会对睡眠质量造成严重的影响。这是因为睡眠前过度使用移动设备，会使大脑处于极度兴奋的状态，从而影响睡眠。其次，移动设备所发出的蓝光，会减少褪黑色素的分泌，影响睡眠质量，提高失眠发生率。

（二）上网与视力

每一个使用手机等移动设备上网的人都有过这种经历——长时间使用手机等上网，导致眼睛干痒、酸涩，布满血丝。此外，长时间使用手机导致眼压升高、视力下降的新闻屡见报端。

关于眼干燥症的相关研究发现，在 980 名一般网民中，约有 36.2% 的人报告有 5 种或更多的干眼症状。对发展中国家 6—18 岁的在校学生的研究也表明，过度看电视、过度依赖互联网和一些不良的生活习惯都会导致视力降低。该研究共调查了 2467 名学生，其中 12.6% 的学生视力低下。这些视力低下的孩子，大部分每天上网超过 3 小时。

由此，我们不难发现，过度上网会伤害我们的视力，倘若还有其他不良的生活习惯，那么对我们视力造成的伤害将会更大。

（三）上网与肥胖

上网与肥胖也有着紧密的联系，过度使用互联网是肥胖的一个重要的解释变量。长时间上网，导致我们的体育运动和睡眠的时间减少，让我们更容易发胖。

很多研究都发现，我们在手机或电脑屏幕前的时间与体质指数（BMI）有着紧密的关系，上网的时间越长，BMI 指数越高。随着移动互联网的迅猛发展以及智能手机的普及，边玩手机边吃饭的现象早已出现在人们的日常生活中。吃饭时玩手机让我们的大脑的关注点从食物转向了手机内容，这会导致我们在不知不觉中摄入过多热量，饮食不均衡，脂肪大量堆积，从而影响健康。

与此同时，网络的过度使用还会对我们的颈椎造成一定的伤害。长时间使用电脑或低头看手机会导致颈椎曲度异常，导致颈肩病的发生。

二、上网对心理健康的影响

（一）上网对心理健康的促进

很多研究认为互联网的使用能够提高网民的积极情绪体验，减少消极情绪，使他们更快地适应新生活，从而促进他们的心理健康。网络社交可以满足人们的心理需要，提高人们的社会自我效能感，让人们体验到更深层次的幸福感。此外，青少年的友谊质量和自我认同也会通过网络社交得以提升，从而提高他们的积极情绪体验。

与年轻人相比，老年人在互联网的使用中获得的益处会更多。上网增加了老年人的社会支持、社会接触、社会联系以及由于联系而产生的对生活的满意度。对互联网的使用使退休后的老年人主观幸福感有所提高，尤其是独居老人，网络的使用会对他们的心理健康有更大的促进作用。老年人在网络使用中能得到更多的社会整合，这会使他们的心理更健康，幸福感更强。而且，网络使用对减缓老年人认知退化的速度也有着积极作用，会使他们能更好地理解其他人的情绪以及信念等。

对于丧失亲人、同伴的网民来说，互联网给他们提供了一个平台，他们可以在社交网站等虚拟空间中寄托哀思、表达丧失感受、获得社会支持等，以此来应对悲伤，从而更快地从消极情绪中走出来。社交网站对灾后重建同样重要，是应对破坏性灾害导致的心理危机的重要工具，它有着缓解心理困扰，维持社会关系，提高生活满意度的作用。此外，互联网的使用也能够使人们的社会适应能力得以提升，从而更快地适应新的社会环境。

但是，手机游戏成瘾和过度使用社交网站也会让网民疏远他们的社会生活，从而对他们的心理健康产生消极的影响。网络的过度使用会产生诸多躯体症状，例如失眠、孤独、焦虑、严重抑郁、自杀倾向、信心低下和社会功能障碍等，这些症状反过来又会影响人们的学习、工作、家庭关系和社会关系等。

（二）上网对心理健康的消极影响

1. 上网与抑郁

抑郁作为一种易发的情感障碍，对人各方面的影响都非常大。研究发现，患抑郁的风险与网民的上网时间成正比关系，上网的时间越长，那么抑郁的风险也越大。诸多的心理学相关研究都发现，过度的网络依赖和网络社交，不仅对提高幸福感没有好处，反而会导致人们更多的抑郁症状出现。

2. 上网与孤独感

心理健康发展的重要标志之一是孤独感，人们在幼年时产生的孤独感被作为日后低生活健康状况的预测指标。有研究发现，更低的孤独感与互联网的使用都和更高的主观幸福感有一定关系，也有一些研究则认为，上网反而会增加人的孤独感。首先,互联网为人们与家人、朋友、同学或志趣相投的陌生人之间的联系提供了更多的可能性。此外,沟通的控制感会因匿名性和不同步沟通而产生,也可能会进一步促进亲密关系的发展。其次,互联网的使用可能会减少线下的各种互动,网络交往必然会影响到网民在现实生活中的一些交往,网民会有可能将现实生活中的友谊用网络中的友谊进行代替,而在网络中发展的往往是一些弱的社会联系和一些肤浅的社会关系。这样,真实生活中的强人际联结就被在网络中形成的弱人际联结取代了,这也会加剧个体的孤独感。过度的网络交往会使人们逃避现实生活,一味地沉迷网络,而不与现实中的人交往,这也是网络成瘾的原因之一。

3. 上网与其他消极情绪

除了孤独感、抑郁之外,消极情绪还包括很多,例如焦虑、无聊感和痛苦等。与第一代的"数码土著"相比,第二代"数码土著"的网络识别和网络焦虑得分更低。相关研究发现,社交网站上的活动会对人的情绪状态产生比较消极的影响,在社交网站上停留活动的时间越长,产生的消极情绪也就越多。社交网站上的活动导致情绪恶化的原因是使用者感觉自己没有做任何有意义的事情。问题是，使用社交网站有这样多的消极结果，为什么还有这么多的人每天继续使用呢？这可能是由于人们犯了情感预测错误，人们总是希望他们在使用社交网站之后会感觉更好，然而事实是他们感觉更糟了。

三、平衡上网和身心健康

下面给大家提供几条如何在上网和身心健康之间取得平衡的建议。

第一，控制上网时间。无论大人还是孩子，上网时长和身心健康之间都呈反比关系，上网的时间越长对身心健康的危害越大。因此，我们需要在一个适当的时长范围内去上网，不应该无限制地把时间花在电脑前、手机上。

第二，在上网间隙适当增加体育锻炼。有很多运动是可以在家进行的（例如瑜伽、跳绳、弹力绳和呼啦圈等），我们可以挑选一些适合自己的体育运动，既锻炼了身体，又有益于心理健康。

第三，饮食均衡，作息规律，睡觉前尽量不上网。大量的研究早已发现，睡前对手机、平板电脑等移动设备的使用会使大脑处于过度兴奋状态，从而抑制睡眠。而且，睡前上网往往难以控制时间，导致睡得晚，起得迟，作息混乱，对身心健康造成不良的影响。

第四，培养多方面的兴趣爱好。我们之所以时刻离不开网络，是因为我们不知道宅在家里还可以做些什么。我们其实可以借此机会培养一下自己的其他兴趣、爱好，例如看书、练字、养花等，也许我们会发现自己其他方面的天赋。当然，我们也可以利用在家的时间修补一下因工作繁忙而紧张的亲子关系。

第 19 节　健康地上网，安全不能忘
——健康上网与网络安全

当今世界已经步入网络化时代，层出不穷的网络应用融入了我们的日常生活。互联网的使用满足我们生活、学习、工作、娱乐等方方面面的需要，但是我们也要时时警惕其中的风险和危害。

一、健康上网与满足需要

心理的健康需要动态表达、满足和实现，即欲望的自然起落。当在心理健康处于较高的水平时，人们会有意识地满足自身需要，从而形成更加稳固和整合的自我感。网络空间中的活动可以激发人们产生各种各样的需要，这些需要彼此之间相互交融重叠、相互影响，反映了一个人是健康上网还是病态上网。

（一）成就和征服

　　每个人都有学习、成就、征服环境的基本需要。网络空间中的很多环境具有技术、社会性或两者兼备，因此人们体验和学习所受的限制很少。一些新用户往往乐于掌握各种软件与技术；另一些人则热衷于发现人们的规范、社会结构、历史、传说等，并参与其未来的塑造，认为这是一个有挑战的过程。探索、掌握技术和社会复杂环境可以永无止境地满足人们的好奇心和自尊的需要。

　　另一些人在网上社区能够成为主人、主持人，或者拥有权力，从而实现地位的提升，而这样的野心使得用户花更多的时间上网。

（二）归属感

　　每个人都需要人际交往、社会认可和归属感，自我意识建立在他人的肯定和承认之上。网络空间提供了数量庞大的群体，它可以满足几乎所有人归属到志同道合的特定群体中的需要，就算是成为一个特别项目的用户也能够瞬间激发个人的友情和归属感。如用户进入一个全新的网络环境，与其他用户之间的兄弟的感觉会更加强烈，觉得大家像一起安排新领地、建立新世界的开拓者，这种过程是非常容易上瘾的。

在网络社区迅速发展时，如果用户想要维持与社区的联系，想让他人知道自己的名字，就必须保持活跃度。在网络社区中的时间越多，越会被其他用户认为是自己人，否则就会被遗忘。这种对于抛弃和分离的无意识恐惧会促使一些用户强迫性地参与网络社区的活动。

（三）自我实现和自我超越

有人觉得他们通过互联网可以表现自己创造的潜能，展现自己的内在兴趣、态度和个性中隐藏的部分；有人觉得他们通过存在感来发展与他人的关系；有人觉得在网络空间中的自己更加真实，但很难说这是真的自我实现，还是互联网使用的无意识防御和病理性动机的自我欺骗。

另一个重要的自我实现是个人的精神发展。对于一些用户来说，网络空间确实存在一些关于意识、现实和自我的神秘感。通过互联网实现自我超越可能是一种对内心冲突和焦虑的病理性防御。然而，在某些情况下，渴望沉浸在网络空间也可能是部分用户精神发展的一部分。

二、青少年健康上网的表现

针对青少年网络使用的研究提出，"健康上网"概括起来体现在两个方面：控制因素和有益因素。前 4 点为控制因素，后 3 点为有益因素。

①抵制不良：不登录有黄色、暴力内容的网站，限制浏览不良网页及信息等；

②不可沉迷：不沉迷游戏，不依赖网络、不成瘾等；

③不扰常规：上网不影响正常学习生活，不造成消极影响；

④控制时间：由家长帮忙限制、控制上网的时间；

⑤放松身心：合理利用网络愉悦身心、释放压力、调节自己；

⑥辅助学习：利用互联网辅助学习、拓展知识等；

⑦长远获益：合理利用网络从长期来看有积极影响，可

以给学习、生活和身心带来积极的影响，有益发展。

此外，人们往往会关心的一个问题：到底上网多长时间合适？也就是"健康上网"的时间限度。根据相关实证研究的结果，我们建议青少年健康上网的时间范围为平时每天上网 1 小时以内、周末每天上网两小时以内，每周上网总时长 10 小时以内。不过，随着网络在学习任务中的作用日益突出，可以把完成学习任务的上网时间排除在外。

三、网络安全

网络安全或在线安全指保护用户个人安全和隐私信息免受网络相关风险侵害的一系列知识和措施，目的在于减少使用互联网时可能遇到的财产损失和隐私泄露的安全风险。它广义上涵盖了防范计算机犯罪侵害的各种策略。随着全球网络用户的不断增加，无论是对儿童还是成人，网络安全日益成为人们关注的焦点。

（一）网络安全的范畴

1. 信息安全

个人信息和身份、密码等敏感信息（比如银行账号）通常与个人财产和隐私联系在一起的，如果泄露，就可能带来安全隐患，如身份失窃或财产失窃等。造成网络信息安全问题的常见原因如下。

一是"网络钓鱼"。"钓鱼者"通过互联网虚构一个值得信任的身份，以获取诸如密码和信用卡信息这样的隐私信息来进行欺诈。"钓鱼者"通常使用电子邮件或即时消息发送带毒文件，或者引导用户在虚假的网站中输入隐私信息，而这些虚假的网站常常设计得以假乱真。

二是网络欺诈。犯罪分子通过形形色色的方式来骗取用户的信任，从而骗取用户的个人财产。

三是恶意软件（如间谍软件）。犯罪分子利用伪装成正规软件的恶意软件，在未经用户许可或用户不知道的情况下获取其个人隐私信息（比如密码）。恶意软件通常通过电子邮件、软件和非官方来源的文件进行发布，是最为常见的网络安全问题之一。

2. 个人安全

在网络空间中，与个人安全相关的威胁通常包括以下各形式。

一是网络跟踪。即使用网络通信或其他的数字技术来跟踪或骚扰一个人、一个群体或组织，如诬告、捏造事实（诽谤）、监控、发出威胁、身份窃取、破坏数据或设备、引诱未成年人发生性关系、收集可以用来骚扰人的信息等。

二是网络欺凌。它是传统欺凌的延伸，形式多种多样，比如未经同意而发布别人的照片等。与线下欺凌相比，网络欺凌发生率更高，因为网络的匿名性为作恶者在欺凌时提供了保护。

三是淫秽色情内容或惹人愤怒的内容。有些网站可能含有一些不良内容，如网络色情、暴力、仇恨言论或者煽动性的信息等。这些内容可能以很多种的形式来呈现，比如弹出广告和令人意外的链接等。

（二）父母怎么保护孩子健康上网？

一是主动介入。要竭尽全力地关心孩子在网上的一举一动。孩子通常对操作系统非常熟悉，所以，如果你不知如何使用，可以让他们演示给你看或教你如何操作。

二是交谈沟通。向孩子解释网络存在的潜在风险，如果他们在网上与其他网友进行互动时发生冲突，鼓励他们敞开心扉。

三是设定规矩。就互联网的使用设定规矩，比如什么时候可以使用、可以使用多长时间、可以发布什么类型的信息等，鼓励孩子尊重其他用户。

四是巧用资源。现在有很多技术可以帮助父母有效地保护孩子免受不当内容的影响，如"过滤""屏蔽""父母控制系统"等。

五是小心盯紧。父母应把计算机放在自己看得见的地方，盯着孩子们正在访问的网站，确保其并无不当。

六是进行举报。对任何可能对孩子造成不良影响的内容，都应该进行举报。